BRILLIANT
LIFE
COACH

闪亮人生人生教练

改写命运的神奇十步曲（第2版）

[英] 安妮·莱昂尼特◎著　马耘◎译
(Annie Lionnet)

北京师范大学出版集团
BEIJING NORMAL UNIVERSITY PUBLISHING GROUP
北京师范大学音像出版社

图书在版编目(CIP)数据

人生教练:改写命运的神奇十步曲/(英)莱昂尼特著;马耘译.— 北京:北京师范大学出版社,2014.3
(闪亮人生)
ISBN 978-7-303-15411-1

Ⅰ.①闪… Ⅱ.①莱… ②马… Ⅲ.①成功心理—通俗读物 Ⅳ.①B848.4-49

中国版本图书馆 CIP 数据核字(2012)第 219776 号

营销中心电话 010-58805072 58807651
京师心悦读新浪微博 http://weibo.com/bjsfpub

SHANLIANGRENSHENG RENSHENGJIAOLIAN
出版发行:北京师范大学出版社 www.bnup.com
北京新街口外大街 19 号
邮政编码:100875
印 刷:三河市兴达印务有限公司
经 销:全国新华书店
开 本:135 mm×215 mm
印 张:7
字 数:135 千字
版 次:2014 年 3 月第 1 版
印 次:2014 年 3 月第 1 次印刷
定 价:29.00 元

策划编辑:谢雯萍 责任编辑:刘 畅
美术编辑:袁 麟 装帧设计:红杉林文化
责任校对:李 菡 责任印制:陈 涛

序

每个人都有改变的潜力，都有改变态度的潜力，无论所处的环境有多困难。

不妨想象一下，每天清晨醒来你都会为即将来临的一天而感到兴奋不已。想象一下无论在人际关系中、在工作上、在家庭里遇到怎样的挑战，你总能将它视为一次学习和成长的经历，从而欣然接纳，着手应对。想象一下你拥有了充分的自信和坚定的信念，你的自我价值感足够强大，对于生活和未来都充满了动力和乐观精神。你是否希望将自己的现实生活打造成我们所描绘的这番景象呢?

如果你在读这本书的时候满脸惆怅，那么你一定会对如何积极改变人生以及提升生活质量很感兴趣。本书将为你呈现一套循序渐进的方法，帮助你筑造属于自己的理想人生。也正是在这个过程中，你会成为自己精彩的人生教练，学习到如何激励和鼓舞自己竭尽所能做到最好。不妨想象一下，你正准备开启一段旅程，本书便如同是你的路线图，它随时都能够清晰地指示出你正身处何方，给你一系列明确的指引，告诉你此时此刻你在什么位置、你想要到达什么地方，以及如何前往这个目的地。这本书将为你提供行程中所需的各种工具以及可以助你一臂之力的各种策略。在这段旅途中，你所迈出的每一步都将鼓励着你更透彻地探索自我，并激励你将这种探索付诸行动。

什么是人生教练，它能为我带来什么

人生教练就是在你实现成功、取得个人发展的道路上，为你提供你所需要的各种信息和工具。通过简明但行之有效的指引和问题向你展示如何成为自己生活的主人、如何改变思维模式、怎样订立和实现目标。就好比是体育教练指导运动员在赛前和比赛中发挥出最好水平一样，人生教练也将在这整个过程中给你支持、为你打气。最重要的是，人生教练能够帮助你实现快乐、成功的生活，同时也能够让你一路上享受这个自我转变的过程。

具体来说，人生教练会在这些方面给你以帮助：

• 让你认识到如果要过上理想中富有成就感的生活，你所需要的各种条件。

• 发现自己的才赋和资质。

• 成为最好的自己并怀抱着如何创造这个目标的

愿景去生活。

- 做出的抉择能让自己更坚定。
- 平衡生活中的各个方面。
- 坚持自己的路线并付诸行动。
- 对自己有信心、对自己的未来有憧憬。
- 设定目标并明确目标的意义。
- 有效应对生活中的各种挑战。
- 顽强前行、乐于改变。

因此，如果你已经准备好为生活翻开崭新的一页，准备好过更幸福快乐的生活，成为更加自信、对人生更有主动权的自己，那么请继续读下去吧。

前言

人是一种具有多面性的动物。我们的身份是从整个人类历史以及我们自身的特征、价值和信仰中沉淀确定下来的。其中的每一个方面都从一个不同的角度反映了我们的本性。我们内心都有成人的一面，它表现为责任感、独立性；同时也有着孩子气的一面，对于自己最终可能会成长为怎样的人充满恐惧。我们的内在有着男性化的一面，也有着女性化的一面。兢兢业业的工作者、反抗者、父母、守护者、英雄以及受害者这些不同身份统统可能同时存在于同一种性格中。

我们无法时时刻刻都意识到这些存在于我们内心的不同方面，它们当中有一些是隐性的，而另一些则可能发挥着主导作用。甚至其中一些方面会相互矛盾、相互抵触。当一个人内心的这些不同方面相互碰撞，比如其中一个自我恐惧改变，另外一个自我却跃跃欲试想要改变，那么我们最后就会感到进退维谷，不知所措。我们内心的一部分希望做出改变，另一部分则希望维持现状。我们要怎样才能走出这个两难困境，把握好自己的人生？我们需要怎么做才能够让内心的声音更加和谐一致，让自己开足马力，挖掘出潜藏着的力量和热情？要回答这些问题，我们必须先弄清楚是什么力量在推动和激励我们前行。

我们人类的基本需求其实很简单。在生理上，为了生存，我们需要食物和住所。但为了生活得更好，我们需要的就多得多了。我们需要给予并得到关爱。我们要相信自己，要有强大的自尊心，要让生活中充满快乐。这些听起来很简单。那么为什么我们为追求幸福快乐而付出的努力最后往往以失意、绝望告终呢？

幸福的秘密

无论我们是否已经意识到，有一个事实都是存在的，那就是我们许多的期望都不现实。这是因为我们总以为幸福的答案藏在我们自身之外。因此我们经常会有这样的一些想法，比如："如果有个人很爱我、非常照顾我，那我就会幸福了。"或者："如果我能中彩票，那我就不会再为钱而烦恼了。"然而，如果发现了幸福的秘密，就是幸福其实就住在你自己的心里，那么你的想法会有何改变呢？你会感到兴奋不已、充满力量，还是会开始害怕和质疑？你是否会为了自己的幸福快乐抓住这个机会、开始全权把握好自己的人生，还是面对创意无限、能量无限的未来依然裹足不前？

你是独一无二的

我们每一个人都是独一无二的个体，都充满了无限潜力。东方哲学中，用“达摩”（即佛法，译者注）这个词来描述我们每个个体的生活模式。比如，艺术家的达摩就是创作，橡果的达摩就是长成橡树，毛毛虫的达摩就是蜕变成蝴蝶。那么我们究竟要如何成长为最优秀的自己，如何创造出将自己潜力发挥到极致的生活呢？

人生的意义

你的人生意义就是指你存在于这个世界上的理由。它是指你来到世上要完成些什么，你会贡献出怎样的才赋。人生的意义并不一定是由你的工作所决定的，它更多的是关于探索和生活：

- 你的本性。
- 你的天赋和能力。
- 是什么让你感到有成就感和让你有活力。
- 你的智慧。

不妨将你的人生意义想象为一条为你燃亮人生方向的道路。当你沿着这条道路一直走下去，沿途所体验到的、学习到的都将令你的人生意义更加丰富。如果你按照自己人生的意义去生活，那么你的生活就不是漫无目的地随波逐流，而是有了自己的规划。

自我评价

你的人生经历、你的现实生活，都是由你的理念一手塑造出来的。积极的想法和信念会造就积极的经历，反之亦然。认识到自己的独一无二之处，正确评价自己特有的资质和能力会为你建立起自信，带来正能量。在人生指导中，完全没必要故作谦虚。当你正确认识自己是谁、是怎么样的一个人，并明白了自己的重要性，你对于人和事就开始散发出吸引力，而这些人和事不仅能提升你生活的品质，更会折射出你积极的自我形象。对自己保持坚定的信念会为你注入能量、自信，让你人生的意义更加明晰。一个人越是清楚明白自己的特点，在规划人生的时候就越能够充分发挥创造性。《人生教练》会向你展示如何做到这一点。

积极的想法和信念会为你带来积极的人生经历。

闪亮秘诀

生命的质量取决于你思想的质量。

无限可能性

改变生活是不存在任何限制的。任何时候，变化都可能发生。量子力学中的不确定性原理表明，世界处于各种可能性的变化之中，存在着无限可能的选择。只要辅以适合的催化剂，这些无限可能性都可以转化为现实。一旦你决心要将这些可能性转变为现实，决定了要活出最精彩的自己，你就等于是按下并激活了手中各种选择的按键。

乐于改变

即使你抵触改变——其实我们当中的大部分人在人生中的某个阶段都有这种心理——改变终究还是会发生的。这种变化会使得我们内心之中渴望安全和稳定的那个自我惴惴不安。然而，如果你过分沉浸于现状，其实也就已然将自己置身于倒退的危险中了。所以说，非常讽刺的一点就是，纵然我们厌倦了生活，或是已经丧失了幸福感，却可能依然拽着旧伴侣、旧工作、旧蜗居紧紧不放。导致这种现象大致有几种原因，而我们却往往意识不到是什么动机致使我们出现了这样的行为。有时候，仅仅是因为我们对未知感到恐惧，又或是我们明明不情愿却已经安定在了现有的生活模式中，而根本不敢去想也许人生在此之外还有许许多多的可能性。

其实你大可不必将为自己的选择范围设限，对生活会改变成什么样子感到惶恐不安，反而可以慢慢学着主动选择改变，欣然接纳改变所带来的种种变化。也许我们真正应该害怕的不应该是帮助我们发掘潜力和自我探索的未知世界，而应该是已知世界。在已知世界里，我们只能原地踏步、停滞不前，而在未知世界里我们则可能成为领航者、冒险家，为自己的人生开辟崭新的天地。

出于对自己作为一个独特个体的尊重，我们必须认识到是什么特殊的个性品质使你与众不同，这一点至关重要。如果你是独一无二的，那么也就是说你是无与伦比的。这些让你备受鼓舞和启发的特质，相形之下，可能让其他人自叹不如。然而，我们往往喜欢拿自己和别人做比较，结果却只看到了自己不及别人的长处。我们看不到自己的天资与才赋，在这个过程中甚至一并否定了为自己追求进步和幸福的责任。仔细冷静地审视自己，并充分发掘潜能是一件需要勇气的事情。然而，如果你自己都不能把握好自己的人生，就等于是把这项工作拱手交给了别人。相反，一旦你掌控好了自己的人生，就会变得更加独立，不再需要活在别人的意见和期望之下。你便能重新执掌自己的能力，为自己的理想全权负责，也就登上了自主选择的决策者宝座。

找到你的安逸圈

人的一生会经历各种不同的阶段。在每一个阶段的开始，你都要踏上一段新的旅程。其中的一些阶段的起始有着非常明显的标志，因此我们可以毫不犹豫地跨向这些新阶段。但有时候我们迈出步子之前会有所畏惧。我们担心前方的变化会带来风险，于是想要得到确认和保证，又或者是我们根本没有留意到新阶段到来的标志，于是停留在原地。即使知道转变的时机已经近在眼前，我们却依然总在十字路口举棋不定。下定决心朝哪个方向迈出下一步足以成为一项挑战。而选择往往让人望而却步，不知所措，也常常需要勇气和信念来支撑。那么你怎样才能知道自己应该朝哪个方向前进？即使是你已经确定了要有所行动，那么你该如何迈出第一步，如何走出自己的安逸圈？

什么是安逸圈呢？安逸圈就是你所处的和你所习以为常的时间、环境和身份角色。它包括了各种你所熟悉的情景和环境，你的思维模式、行为习惯、日常安排以及交往的人群。如果你必须要在某件事情上做出改变，或是进入了一个完全不熟悉的新环境，那么你便会感应到自己的安逸圈受到了干扰或侵犯。

人都想要过安逸、熟悉的生活，这是很自然的。安逸圈能够给予我们对生活的控制感和预见性，而在我们人生中一部分情况和时机下，回归安逸圈确实是最恰当的选择。譬如经过一天漫长又疲惫的工作，蜷缩在羽绒被里看一部自己最爱的旧电影，这样的感觉实在是很好。但问题是一味如此最后可能会导致，即使转变无法规避，或者势在必行，你却仍想偎依在安逸圈里，内心对新方向非常抵触。这样一来，我们便阻碍了自己获得更加有成就感、更幸福的生活。我们无法感知到自己所向往的激情，我们的生活也将会黯淡无光。

应该问问自己：为了想要依赖在安逸圈，为了让自己的生活不要卷入任何改变之中，我究竟费了多少力气？也许结果你会发现你所消耗的比想象的要多得多，因为我们为了维持现状所付出的，常常是在无意识状态下进行的。比如，也许你特别真心希望尽可能将潜力发挥到极致，但前提是这个过程中不能出现重大改变。或许你和自己订立过一份心照不宣的合约："只要别让我审视自己的人际关系，别让我改变我的个人习惯，不要让我重新评定自己的工作环境，我还是愿意追随内心的意愿生活的。"

你还能否想到其他任何例子反映出你只愿意在生活维持现状的前提下有条件地成长？

如果决心要前行，你必须要让自己冲破安逸圈的界限，跨出自己所熟悉的环境。但在付诸行动之前，不妨先回顾一下迄今为止你已走过的人生，这或许会对你有所帮助。你对自己所做过的选择还满意吗？你距离自己梦想的实现有多远？你是已经选择了放弃还是仍在坚持不懈？回顾过去的人生可以让你更清楚哪些方法已经不再奏效，也帮助你明确下一步该怎么走。最重要的是，它能够给你一个机会，以更具创造性的方式去思考如何让自己的生活更加有成就感，找到生命的意义，全情投入地度过人生。

勇敢之旅

当你下定决心要改变人生，就已然踏上了一次精彩刺激的冒险之旅，在旅途中你会找到对你真正重要的东西，也会发现自己究竟有多了不起。不妨将这次改变想象为一次勇敢的旅程，这一路上你将发掘出连自己都不曾知道的才智、力量和天赋，并一一加以开发，还会实现对你意义非凡的重要目标。在这个过程中，你会收获自信以及对自己的坚定信念，这些都是千金不换的礼物。

《人生教练》中的每一章节都标志着你的旅途中的一个新阶段，它会引导着你完成一系列的步骤，给你以力量、启示与动力去创造人生梦想。你可能会觉得其中一些章节比其他章节要更具启发性。但请根据你的需要尽可能耐心阅读，不要心浮气躁、囫囵吞枣。这是属于你自己的旅程，进度由你掌控。

那么，你准备好了现在出发，打造最美好的生活了吗？你唯一要做的，就是坚定地迈出下一步，你崭新的人生便会由此打开。

BRILLIANT
Life Coach
目 录

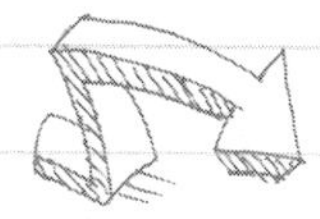

10 INSPIRATIONAL STEPS TO TRANSFORM YOUR LIFE

第一部分

认识自我

第1章 整装待发：如何开启点亮命运之旅

到悬崖边上来
我们可能会坠落
到悬崖边上来
实在高得可怕
到——悬——崖——边——上——来
结果他们来了
结果我们推了一把
结果他们飞起来了

——克里斯托弗·洛格

执掌人生

你有没有想过你的人生可以比当下正在经历着的

要更美好？也许你早就暗暗盼着辞掉现在这份工作，去展开一个全新的职业领域，或是从一段不愉快的感情中抽身去找寻自己的理想伴侣。无论唤起你追寻更多快乐的动力是什么，可以肯定的是，你的内心已经做好了准备去迎接新的体验和新的可能性。那么为什么想要改变生活仍让我们感到挑战重重呢？有时候只是因为我们不知道从何做起。但更多的时候是因为觉得要执掌自己的人生是我们所无法胜任的。

如果你质疑自己在人生幸福快乐方面是否具有决策力，那么你就无法振作，只会充满无助和依赖感。而在内心深处，其实你明白你是在否定自己，这也让你很不好受。反之，如果你对自己的幸福全权负责，并且奋起而行动，你就能做自己命运的主人。你会活出自己的本色，也将自信快乐地胜任自己人生航船的舵手。

闪亮概念

活出本色的意思是指做自己真正的主人——去发现自己内在的本性、能力和诉求，并找到方法将其一一实现。

在学习如何成为自己人生教练的相关技巧和技能时，推动你前行的必将是你的努力、决心、毅力和愿景。选择的目标要对你具有吸引力和激励性，这样一旦你实现了这些目标，才会领略到完成这些了不起的目标所带来的成就感。

你现在处在什么位置

如果你现在觉得生活得愉快，你所生活的环境让你在各个方面都能够完全遵循内心的真实意愿，那么你可能就不希望自己有什么改变。如果你觉得自己应该还能够更快乐一些，那么你可能希望自己的生活变得比现在更好。无论你只是有这样的愿望还是已经迫不及待要过上更快乐的生活，在你决定做出改变之前，都要认识清楚自己对于当下的人生有着什么样的感受，这一步很重要。

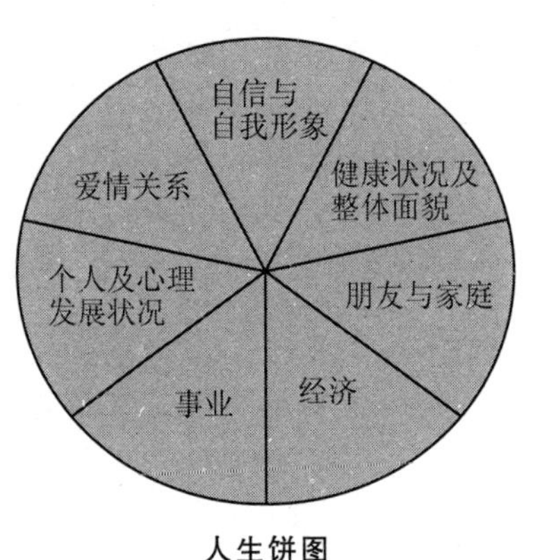

人生饼图

人生的各个方面

这张“人生饼图”就是设计出来帮助你对自己的生活以及在生活各方面的感受有一个宏观认识。考量人生饼图中的每一个方面时都分别有几个要点。尽管最后都是由你自己来权衡图中每个方面，但这里还是有一些建议。

自信与自我形象：

● 你会选择用什么样的词语来描述自己？你列出来的词语可以是积极性格和消极性格兼有。

● 你会给人留下怎样的印象？当你走进一间房间时会有怎样的感觉？你想得到什么事物时，会开口说出来吗？

健康与整体面貌：

● 运动——你的运动量足够吗？还是超负荷了？

● 饮食——你的饮食健康吗？还是想吃什么就吃什么？

● 嗜瘾——你有没有对什么东西上瘾？如果有，你是怎么处理的？

● 保养——你有定期做按摩、牙科检查和体检的习惯吗？

朋友和家人：

● 你会如何描述你和父母的关系？他们给予你支持和帮助吗？还是你习惯于指责他们？

● 你和兄弟姐妹关系是否不错?

● 你和你的孩子们相处得愉快吗?还是说孩子们都自顾自忙?

经济:

● 富足——你觉得现在自己有多富裕?

● 开销——你是量入为出还是入不敷出?

● 慷慨——你愿意将自己的财富与别人共同分享吗?

● 匮乏——你担心经济上出现窘迫吗?

● 负债——你是否为求生计而拼命?

职业:

● 职业满意度——你是否喜欢现在的工作?

● 薪金——你觉得自己是否获得了足够的报酬?

● 人际关系——你在职场上的人际关系是否良好?

● 业绩——你对于现阶段所取得的成功还满意吗?

● 工作环境——现在的工作环境是否能够让你尽显身手?

● 你是否在这里实现了你企盼的愿景目标?

个人及心理发展状况:

● 潜力——你是否一直秉承尽善尽美的理念?如果是的话,你是否做每件事都努力达到这个目标?

● 目标——你是否找到了自己活在这个世界上的目标?

● 宗教——你有宗教信仰吗?如果没有,你是否觉得自己的人生中缺失了宗教体系这一部分？

- 信念——你是否相信有一个比自己更强大的力量存在？
- 感恩——对于生活你是否心怀感恩？

爱情：

- 感情关系模式——你们的关系中是否有些话题是被反复不断谈起的？
- 忠诚——你的愿望和理想跟你的另一半一致吗？
- 性能力——你觉得自己的性能力是否良好？
- 性生活——你对自己的性生活是否满意？
- 自爱——你爱自己吗？你觉得自己值得去爱吗？

闪亮行动

依照1～10的分数区间，你对自己在以上人生饼图各方面的满意度是多少呢？不必反复斟酌，按你的第一反应填写。

以上各项中，你给自己打了最低分的那些方面也许就是你在本书接下来要选出来做出改变的地方。当你一直努力去改变生活让它变得更好，你的人生饼图也会同时反映出这种变化，它包含的各方面都会更加趋于平衡。你想象一下，这个饼图就是一个指南针，它将你引领走向更幸福、更贴合你内心本色的人生。

在这个改变的路途中，你可以随时重新审视这个人生饼图，看看自己已经前进了多少。

填写这个人生饼图时，一定要对自己完全诚实。这个可能刚开始的时候比较困难，因为你也许会否定自己对于生活中某方面的真实感受。而一旦你开始能够更加清晰地衡量自己和自己的生活时，就会发现给自己的人生做评估并没有那么难了。

如果你不愿意因为看到自己在哪方面分数很低而觉得泄气，不妨将这些低分看做是能让自己的人生变得更加幸福、更加快乐的动力。就像同样是半杯水，如果只看到杯子的一半是满的就会给自己打分偏高，而如果只看到杯子的一半是空的自然就给自己打分偏低。最重要的是你要对自己坦诚、真实。

维持平衡

我们之所以希望自己的生活中各个方面都能够和谐并且达到充分的平衡，最根本的原因是因为我们一直都处在不断的变化中，需要不断做出调整。让生活能够更加平衡是一种技巧，它是可以培养的，就像练习维持身体平衡一样。我们当中有多少人可以金鸡独立并且不晃悠的？通过培养这样的意识和训练，我们便能够让生活更加平和，并且能够更好地把握好自己的人生。

对生活提问

乐于对生活提问，即使是自己最不情愿改变的方面。这种提问能够帮助你挣脱老套保守的生活方式，为你打开未曾想象过的全新视野。当你对生活充满好奇心，就等于是有了改善它的力量。倘若你愿意保持一颗开放、好奇的心，那么就意味着你能够在任何时候开启焕然一新的人生。佛教禅宗称之为“初心”，它为我们创造机遇，以及因循守旧者所无法体察到的各种可能。

闪亮概念

curious（好奇）一词与拉丁语中的 cure 出自同一词源 curare，curare 意为“治愈”。

如果你曾经努力想要向前迈进，但却感觉自己依然在原地踏步，生活依旧毫无起色，那么你对那种抓狂的感觉就再清楚不过了。被卡在一个地方会将你的心气与精力都消磨殆尽。我们可能会感到失望、挫败或是无能。倘若你能够不带任何评判眼光，客观地审视现状，看看生活应该是怎么样一个状态，自己的另一半或是工作上存在着什么问题，这将有助于你对各项事情看得更加透彻清晰，站在起跑线上时有更强的后劲。这样做的优势在于，当你身陷僵局时，以一种自我分离的方式将自己置身于局外，不带任何眼光或是消极的评判来看待事情，其实是给了自己提问的机会，对于自己当下所处的状态也分外明晰。除了这个优势以外，这种方式让你充分做好了扭转思维模式和改变生活的准备。

拓展版图

当你感到身陷囹圄，其实也就是你先前为自己画出的人生地图已经过时，现在是时候该重新描绘了。很久很久以前，人们一度相信地球是扁平的，如果谁站得太靠近这个扁平世界的边界就可能掉到地球外面去。同样，我们也会为自己的人生设限，认为自己这辈子能到达的高度就只有那么多。如果你想要拓展人生可能性的版图，首先必须要建立起一种开阔豁达的全新人生观。如果说你现在的人生理念束缚了你前行的脚步，那么是时候去挑战你所认定的真理了。你需要打破所有捆绑着你的桎梏，重新审视人生。

扛起责任

当你能够为自己的幸福负责，就不必再寄望和等待其他事物——或是其他人——去为你改变。你便会明白幸福是取决于每个人自己的。你会开始体会到珍视和捍卫自己的价值是多么重要的一件事情，而在这个体验的过程中，你也将建立起新的自信。你会发现在你学习着如何珍视自己才能的同时，你内心的动力也随之越来越强大。你会懂得，对于绝大多数人而言，生活所给予你的永远与你为之付出的成正比。还有一点，你会发现人生其实是一则能够自我实现的预言，假如你敢于期望，并乐于追寻，那么你实现期望的可能性就更大。

生活所给予你的永远与你为之付出的成正比。

转变观念

各种重大改变中，最具力量的一种变化就是转变你看待事物的方式，将你认为不可能改变的想法扭转为任何事情都是有可能发生的。无论你要进行彻头彻尾的大转变，还是仅仅要改变自己的态度，一旦你把心态放开准备接纳新的可能性，坚持改变，你的双眼也会随之打开，看到新的体验，你人生中的所见所感也从此大不相同。

闪亮行动

拓展观点的其中一个方法，就是对照人生饼图中的每一个方面向自己提问："我人生的下一步该怎么走?"然后提供尽可能多的答案。举个例子，如果你在职业这一部分得分比较低，那么你的回答可能会是：打辞职报告、谋求新的工作、留守岗位、休半年的假、

出国、自主创业。

给自己足够的时间去设想一下从每个不同的回答角度去看，你所见到的世界会是什么样的，然后问问自己哪一个最强有力/最不堪一击/最具挑战性，为什么。当你开始对自己提问，你也就开始对各种为你开放的不同可能性有了更加深刻的认识和了解。

我们看待自己、看待世界的方式，很大程度上来自于长年累月中自己汲取到的所有信息和意见观点。当你开始质问自己的观念，你应该如何表现、如何看待问题、如何经营生活，就标志着你已开始拨开层层前提条件，重新界定内在的自己，已经抛开了那些覆盖了你真实面貌的外在理念和价值观。

相信自己

你对自己的看法和感觉会对你的生活带来很大的影响，这种影响之大，远远超出了你的想象。你的观念会渲染你的人生期望。如果你期待成功，你就会成功。如果你相信自己，相信自己的能力，你就会有信心让成功降临。

你心中有什么样的信念和期望，就会带来什么样的经历。

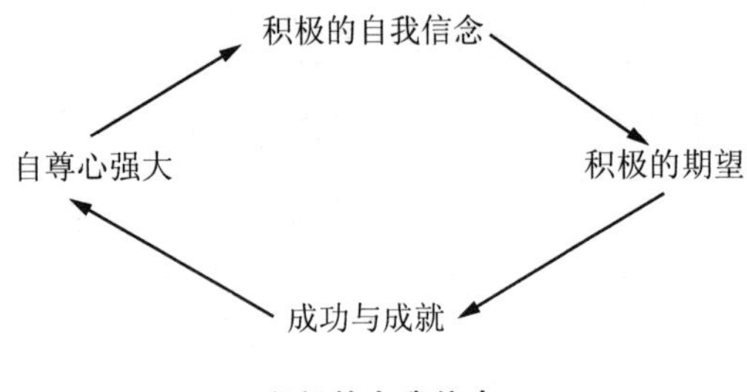

积极的自我信念

回忆一下，当你感到自己确实很优秀时的其中一次情境。你是否还记得它给你带来了怎样的积极影响？也许是应聘时你信心满满，认为肯定能够给未来老板留下好印象，结果在面试中表现得特别出色。毫无悬念，最后你拿到了录用通知。

但也有可能刚好相反。我们最最担心的事情最后往往发生并印证了我们的消极期望。

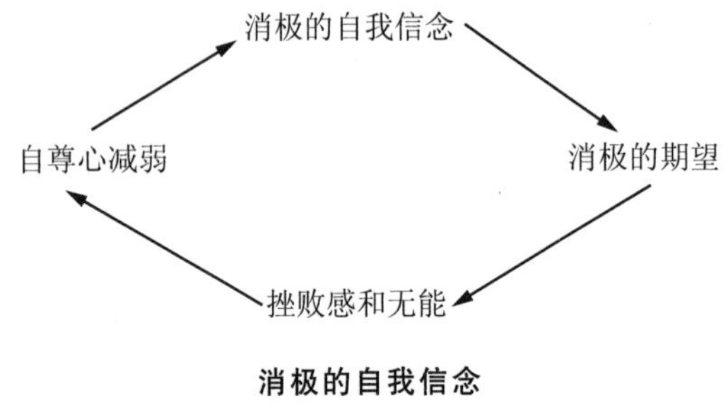

消极的自我信念

闪亮行动

运用以下十种方法来建立积极的自我信念：

1. 发展你的才能和天赋。

2. 珍视自己独一无二的特点，不要拿自己跟别人做比较。

3. 支持自己、力挺自己的决定。

4. 为自己的幸福快乐努力。

5. 对自己坦诚。

6. 看到并肯定自己已经走过的里程。

7. 调整积极的心态，监听内心独白——你的想法是不是在支持和肯定自己？

8. 为了自己，永远要行动起来。

9. 永不放弃希望和梦想。

10. 要相信：如果你已经把能做的都做了，但目标还是没能实现，那是因为还有更好的在等着你。

认可自己取得的成绩

我们当中有多少人能够真正认识到自己所取得的成绩？相反，我们常常无视这些成绩，一心只想着我们还没有得到的东西。接下来不妨用几分钟的时间细细回顾一下迄今为止你都取得过什么样的成绩，然后回答下方“闪亮行动”内容里的问题。留意一下，这些问题回答起来对你而言是困难费劲，还是易如反掌，以及你给自己评定的分数是否准确合理。

你认为自己迄今为止取得了哪些成绩？答案可以是重大的成绩，例如成功戒烟，或是获得了升职；也可以是小进步，例如给阁楼来了一次彻底大扫除。在下面写出五个你取得的成绩的例子：

1.

2.

3.

4.

5.

你还渴望取得一些怎样的成绩？

魔镜，魔镜……对自己要真实坦诚

如果你觉得你的生活并不是属于自己的，那你可能是在扮演一个假借的身份。当你慢慢卸下穿在自己身上这个虚假的外壳，自然就更加明白做真实的自己有多重要。你就可以终止那种活在别人期望之下的生活，为自己确定标准和价值观。你越是尊重自己，为争取目标而做的前期准备就越是充分。自我认知是一种力量，它能够助你一臂之力，让你成为最优秀、最真实的自己。

而将自己围困在负面的自我理念中则会严重制约你的能力，让你的人生难以美满。然而，你对自己的看法和评判并不一定是客观真实的。你内心的自我形象很大程度上是取决于人生前期的经历。如果在你成长的过程中，经常被别人说你不是唱歌的料，或是说你又笨又没胆量，那么很有可能到最后连你自己也信以为真了。我们会将这些想法自我吸收，这个内化的过程也会对我们自身造成伤害。因为我们的外在生活是内在生活的反映，所以我们常常会将那些印证了自己内心负面想法的人吸引到生活轨道中来。如此一来，原本在某些方面我们也许能够有所建树或是乐在其中的，都因此而无法成其为可能。其实，比起内心投射出来的那个妄自菲薄的你，现实中的你要出色得多；当你认识到了这一点，实际上你已经向更加美满、有成就感的人生迈出了下一步。

自我认知就是一种力量。

将观念调整到正确的位置

在你开始做出任何改变之前，很重要的一点，就是要从接受自己开始，接受自己是谁，当下的你处在什么样的位置。

闪亮案例

从消极信念走向积极信念。安娜在学校里的法语老师反复告诉她，她在语言方面是毫无希望可言了。结果，安娜信心尽失，法语考试没有及格。数年后，安娜获得了一个外派法国工作的机会。这当中包括了六个月的高强度法语训练课程，以帮助她在外派工作开始之前能够迅速适应。不用说，安娜对于自己语言学习能力的消极信念让她充满了恐惧和忧虑。但这个工作实在很有吸引力，因此安娜还是决定求助于一些人生指导课程以重拾自信。在经过数次课程之后，安娜转变了她的观念，她感到自己已经足够自信，能够重返课堂。后来，在学习法语的过程中，她惊奇地发现自己竟然能如此享受学习的过程，并且由于学习动力强大，安娜在学习中的表现特别优异。在法国的两年时光，安娜过得非常愉快，甚至现在她还会梦见法国！

但这不等于是让你满足于现状，而仅仅是让你不要对自己妄下定论。当你接受了自己、接受了自己当下的状态，在做出改变时就拥有了更强大的能量，因为你不再有抵触情绪，也不会因为自己的无能和缺失感而负担重重。

闪亮秘诀

面对任何情况你都可以有两种选择，积极应对或是消极面对。因此，真正决定你心态的，是你如何应对事情，而不是事情本身。成功的人并不是因为他们更加优秀，而是因为他们更加大气，他们懂得如何不让事情侵蚀了自己的自主权，不让事情影响他们自我评价的方式。你所面临的任何挑战都比不上你的处事态度重要，因为态度才是决定你成败的关键。

开发你的潜能

科学研究表明，我们只利用了大脑的很小一部分区域。这其实提醒着我们：我们所能做到的，我们所能够企及的，甚至远远超出我们的想象。与此同时，我们也要认识到自己的极限。并不是每个人都能够成为研发火箭的科学家，成为博学多才的教师，或是成为忘我奉献的父母。同样，在我们树立理想的时候，你必须明白这些理想是要在你的能力范围之内的，在追求这些理想时所订立的目标也必须是切实可行的。你朝理想所迈出的每一步都要能够为你带来成就感，以及对自己能力更深刻的肯定。当你逐渐建立起自信，也许就会惊讶地发现，关于自己的能力能够达到怎样的水平，你的观点是会随着时间而不断变化的，这也让你能够给自己更大的操控调整的范畴和空间。

树立目标时，要清楚什么是在你能力范围之内的。

找到支撑自己的力量

有一点你要明白，如果你能够精力充沛地全速前进，就证明你的工作强度是在极限范围之内的。这并不是叫你不要给自己压力或是不要超负荷工作。人要逼自己一下才知道自己到底有多大能耐，自信心也才能随之渐渐增长起来。但首先你得弄明白，什么力量能够给你养分和能量，什么会将你的能量消磨殆尽。倘若你专注于那些能够给你带来养分和能量的事情上面，就无须畏惧任何挑战了。

相信自己

不论你的人际关系如何，人生中的首要关系永远都是和自己的关系。在人生这场美妙旅程中，你才是自己始终不变的旅伴。想象一下，如果你的人生之旅中有一位旅伴随行，你会希望他/她具有怎样的性格和特质。这些性格和特质在你身上都能找到么？我们往往很难全面认识到自身所具备的每一样宝贵品质。然而，如果我们不去发掘，或是我们过于自谦不愿承认，那么这些品质和我们已经取得的成绩就无法完全释放出它们的能量去激励我们。下面的练习可以帮助你提醒自己，让你清楚为自己感到自豪的事情都有哪些。

首先，请列出五项你喜欢自己的理由。这可不是谦虚低调的时候。如果你觉得写不出五项那么多，那么就证明这个练习对你很有针对性。如果你还是纠结，不知道该往这张表里填什么，那么不妨想一想你最喜欢、最欣赏的人，你喜欢他们些什么，这些他们身上的特质很有可能正好也是你所具备的品质。我们去寻找别人身上的优点或闪光点往往相对容易许多。但我们欣赏别人的地方，也有可能是我们对未知自我、未知才能和品质的投射。

我喜欢自己的方面有：

1.

2.

3.

4.

5.

每隔一个礼拜，就在这个列表里再添加上新的你喜欢自己的方面。每天当这一天生活结束之后都大声把这个列表上的内容大声念出来。如果你足够勇敢，还可以对着镜子来朗读。刚开始你读起来可能声音里还略带犹疑，但你必须反复朗读列表，直到你开始相信自己确实具备这些优异的品质。你充分认识到自己的可贵之处时，对于人生的预期都会大不一样。而当你有了更积极的人生预期，各种可能性便纷至沓来。

闪亮回顾

牢记一点，要实现最美好的预期，你就必须学会欣赏自己。这包括转变自己的思维模式，这样才能让积极的自我认知成为主宰。现在你已经对人生中的重要方面都进行了回顾，也认识到了将自己视为第一主角的重要性，你可以开始将自己投入到各种有待发掘的机遇中去，也可以开始为自己庆祝了。

闪亮一周任务

有意集中精力去做那些让你喜欢自己的事情，并留意一下这对你的思维观念会产生怎样的影响。

第2章 明确理想：我真正渴望的是什么

渴望是一切成就的起点
——不是希望，也不是愿望，
而是怦然跳动的强烈渴望，
才能超越一切。

——拿破仑·希尔

我们大多数人所孜孜追求的生活都是能够带来快乐、幸福、安全感，能够展现自我、充满各种愉悦并富有意义，以及能够培养起自尊心的生活。生活中涉及的方面越多，我们就越是有成就感和幸福感，也越是能够发挥出潜能。找出让你真正有成就感的事情，是打造理想生活的第一步。

弄清楚你想要什么

你是否知道自己想要的究竟是什么？或许你已经很明确自己想要改变或是改进的是生活中的哪个方面，例如生活得更加富足，做事更加坚决果断，或是开创属于自己的事业。有时候我们很清楚自己想要的是什么，但出于各种原因，我们就是没有去实现这些想法，又或者是我们从来就没有付诸过行动。我们发现自己总是在拖延时间，想尽各种借口搁置所有事情，也有些人是在努力的过程中感到泄气倦怠。如果你的情况正是如此，那么接下来的章节将会告诉你如何将梦想向现实推进，展示在世人面前。然而，如果你根本还弄不清楚自己到底想要什么，那么下面的问题会帮助你梳理出你真正的渴望。你也可以再回顾一下人生饼图，提醒自己得分最低的是哪个方面。这些基本可以肯定下来就是你最希望人生中能够获得更有成就感体验的部分。

不断问自己我想要什么

随着人生进入不同阶段，你想要的东西必然会有所不同——有时是截然不同的。那么，你就要定期询问自己真正想要的到底是什么，这一点非常重要。如果你忽略了问自己这个问题，你就很有可能最后又走回老路，反反复复总是只能得到那些你已经拥有了的东西，永远也没有机会去选择自己最想要的。养成习惯问自己想要的到底是什么，从想吃什么东西到想要选择谁陪伴你共同实现人生理想。

养成习惯，问自己真正想要的到底是什么。

闪亮案例

清楚自己想要什么，并付诸行动

亚历克斯一直都过着城市女孩的生活，她喜欢繁忙的大都市生活所带来的能量与刺激。她来看我时，仍然沉浸于当时生活中的某些方面，但她跟我抱怨说常常感到压力很大，觉得疲惫不堪。同时，过去的她一直很健康，但最近却开始头痛，导致身体虚弱。

在我们第一轮的指导中，亚历克斯看起来已经准备好了彻底改变生活方式，她已经不再打算住在城市里。之前，她去探望了一位朋友，这位朋友住在郊区小镇上，风景极美，亚历克斯当即觉得她也要搬到一个类似这样的地方去住。她的一些朋友试图劝服她不要做出这么重大的转变，担心她这么做是个错误的决定。但她相信这就是自己想要的，并且下定决心要实现这个决定。亚历克斯发现自己可以选择成为自由职业者，于是不到半年，她便搬到了郊区，过上了田园生活，并在那里建立起了自己的事业。她的生活精彩依旧。

闪亮行动

你对现在生活中所获得的一切是否满意？你是否还在尝试找出自己真正重要的事情，去帮助你决定该关注什么、放弃什么？如果你的人生不完整，那么到底缺少了什么？是不是：

- 一段浪漫的爱情或是现在的爱情中能有更多的激情。
- 一次惊险刺激的新冒险。
- 更充裕的资金。
- 事业上的成功。
- 健康有活力的好身体。
- 其他你无法用言语描述的方面。

好好考虑一下你对这个问题该如何回答，想一想你愿意全心全意去做些什么，你真正想要的到底是什么。你希望生活中哪些方面能够有更多的快乐、更丰富的意义和更大的成功？如果你想打造出属于自己的美好生活，那么弄清楚自己生活中哪一部分需要做出改变，并制订出对应的出路，是至关重要的一步。然而，当我们生活中的某一部分发生了转变，这种转变所带来的影响必然会辐射到其他各个方面，因此我们的整个生活都会随之而改变。

你有没有想过，如果自己真正想要的都得到了，那会是一种怎样的感觉呢？你的生活会因此而有什么不同呢？当你静静思忖这些问题时，尽管放开所有束缚，自由地去想象当你愿望实现后的情景。细心留意在这个想象过程中你都体验到了怎样的感受。你会是感到兴奋还是紧张？或是两者兼有？兴奋感和紧张感并不是互相排斥的。在阅读全书的过程中，让自己保持两种情绪并存，这些积极的感觉会成为你现实生活中的主旋律。

放开所有束缚，自由自在地尽情想象。

不断问自己想要什么

我们常常对于自己应该扮演的角色以及自己想做的事情过分退让和妥协，生活中许多愤怒情绪因此而滋长。当我们的生活受别人的影响过大，人生就可能拐入了另外一个完全不同的方向，而发生这种偏离的原因很简单，就是因为我们完全不知道自己想要成为一个怎样的人，或是有这方面的想法却没有坚定的信念。为了让人生尽可能地精彩，我们必须弄清楚自己想要什么，必须让自己的人生与价值观一致，必须为自己的信念而活。要做到这一点，我们应该对自己的想法有清晰的认识，并且遵循自己的想法行动起来。

闪亮秘诀

当你开始真正清楚自己想要什么，所有事情都会助你一臂之力，帮你达成目标；实现理想的机遇也会自动呈现。

更清晰的自我意识

我们内心真正的意愿往往不是那么容易捉摸的。有时候，我们会觉得自己没有能力去实现这些愿望和诉求，因此而不愿意面对甚至畏惧发掘这些愿望。更有甚者，即使我们知道自己想要的是什么，可是仍然没有自信凭自己的能力去实现它们。知道自己真正渴望什么以及如何去实现这些渴望就包括了要认清自我。那么，为什么说对自己有清晰的认识是十分关键的呢？因为这是你全盘执掌人生的唯一途径。获得清晰的自我意识也是打造理想生活的第一阶段。

闪亮秘诀

要充分开发潜能，就必须彻底弄清楚自己想要过怎样的生活，以及为什么这种愿望对自己如此重要。

你的行动会怎样有所不同

现在，你头脑中的意念指挥着你的人生朝哪个方向前进？如果你继续坚持自己的旧观念，继续走老路，那么是否有可能在停下来回头张望时看到自己的愿望得以实现？

根据心理学家的定义，充实满足的生活具备三大特征：愉悦、意义、参与。如果我们同时做到这三点，就自然意味着我们发挥了自己的潜力，过上了有意义的、收获丰富的生活。我们每一个人在获取这些提升生活质量的重要品质时都会有自己独特的方式和过程。但是，在获取这些品质之前，你必须弄清楚对于你而言什么才是重要的，如何将这些重要品质融入到自己的生活中去。如果你能够清晰定位出如何去过属于自己的生活，那么你就已经站在了最佳起点，只要采取必要的行动便能走向成功。

看到愿望能够在未来实现，你是否兴奋不已？如果答案是否定的，那么有可能是你所设定和打造的生活所带来的各种优势还没有足够的吸引力。要想知道成功的改变需要具备什么条件，你必须清楚什么是重要的，以及它们为什么如此重要。

闪亮行动

为了帮助你更好地理清思路，请看以下问题：

- 如果你可以拥有生活中的任意一样东西，你会选择拥有什么？
- 如果你能够过上理想的生活，你会在这种理想生活中做些什么事情？
- 成功对于你而言意味着什么？不是对于社会，也不是对于你的朋友、你的家人，而是对于你本人而言，意味着什么？
- 在你看来，人生中的最大成功是什么？
- 哪一样事情能够让你发自内心的高兴？
- 如果人生可以重来，并且是带着你现在已有的认知重来，你会过得有什么不同？

在回答这些问题时，你对自己有没有什么新的认识和发现？我们常常是按照我们的另一半、家人、朋友甚至社会要我们应该怎么做去生活，而不是全心全意按照自己真正喜欢的方式去生活。现在我们所要关注的，是我们自己想要什么，以及为什么想要它们。

闪亮行动

列出十样能够让你感到快乐和幸福的事物。有些可能是立刻就映入脑海的，有些则可能是你一时想不起来的，尤其是那些有很长一段时间没有在你生活中出现过的事物。

1.

2.

3.

4.

5.

6.

7.

8.

9.

10.

列举完让你幸福开怀的事项后，思考以下几个问题：

- 为什么你在做这些事情时感到很享受？
- 这些事物是怎样提升你的生活品质的？
- 这些事物对你生活的重要之处体现在哪里？
- 如果你无法去做这些事情，你会有怎样的感觉？

● 以上事物当中，有哪些是你希望能够获得更多的？

写下你的使命宣言

有了这些问题的答案，你对自己人生中究竟想要什么就有了更加明晰的认识。你可以写一份使命宣言，在日后要做重大决策时便可以派上用场。如果你想要判定自己想要什么、不想要什么，如果你想过上自己最向往的生活，那么请记住这是非常关键的一步。

使命宣言是公司或者组织机构用于陈述其宗旨目标的一种文书。它的作用是指导机构的行动，阐明总体目标，指引方向，为决策提供导向。而你个人的使命宣言则是对自己的人生做出明确描述，它可以帮助你始终遵循自己真正的意愿，不至于偏离了初衷。它能够让你把握住人生活力的精髓，以及生命真正的意义所在。找到自己的使命宣言并坚持如一，将使你的人生朝着坚定且鼓舞人心的方向前进。

切勿急于求成

以下是一则简短的使命宣言：

我要一直报以开放的心态去面对能够让我成长和学习的新机遇和新事物。我的目标是让我和我身边所有人的生活都更加充满意义。

斟酌出真正适合并属于自己的使命宣言可能需要

花费一定时间，你可能要抽丝剥茧最后才能找到能够反映出自己内心渴望的事物。使命宣言也不是一个静态的东西，它会随着时间的推移，根据你的地位、认知的上升而不断推进变化。一定要将你的使命宣言放在手边，随时能够看到。你也可以把它背下来，按时重复提醒自己；或是写下来，随身携带，任何时候都能拿出来看看。宣言要写得简短精悍，因为我们每次做决策的时候都要用它来判定和衡量，还要用它来巩固认识我们自己内心真正的渴望，所以必须写得简明扼要。

要将使命宣言放在手边，随时能够看到。

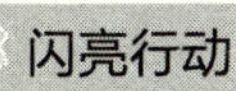

闪亮行动

写下你的使命宣言。

赞赏自己

当你现在开始审视自己的生活，你可能会倾向于留意别人拥有一些什么你所没有的东西。这会让你产生嫉妒心、愤恨不满以及失落的情绪，这些情绪都会影响你发挥能力去专心实现目标和愿望。倘若一直关注的是自己所没有的东西，那么你就无法认清自己在人生中已经走过的路途和已经取得的成绩。当你开始投入打造自己的理想生活，就要不断提醒自己在已经走过的人生中取得了怎样的进步和成绩，并为此给自己一些赞赏。这会让你的自我感觉立竿见影地好起来。一旦你能够发自内心地欣赏和肯定自己的生活，那么你就可以开始建立起更多自己想要的东西，你就可以几乎随时随地唤起内心的成就感。对于我们大多数人而言，人生中至少会有一个方面是能够让我们引以为傲的。

关注重要的事情

如果你缺乏自信或是总是要让别人来告诉你该怎么生活，那你是很难遵循自己的意愿行事的。这将会大大影响和干扰我们的意念。而当我们对自己的能力充满信心，抱有坚定的信念，那么你便懂得忽视别人自作聪明的指指点点，专心关注真正对自己有重要意义的事情。当你的自信心和对自己的信念慢慢增长，你就能逐渐感到有动力去开辟一条自己专属的、独一无二的生活之路。这么说似乎是在讲废话，道理谁都明白，但你要谨记非常重要的一点：为了更好地创造出理想生活，你必须弄清楚自己想要什么，并且要坚信自己一定能够做到。我们内心的真实渴望其实有着非常奇幻的魔力，就是当你开始遵循它、听从它，并尝试去追随它，它就会带你走入超乎想象的美妙人生。

闪亮秘诀

当你真正清楚了解自己想要什么，并能够坦诚面对，那么所有事情都会主动助你一臂之力去达成这些愿望。

走出困境

当你深陷困境时，即使是实现了自己的愿望，也很难高兴得起来。我们每个人所将体验到的困境都不尽相同。对于有的人，他们的困境是拥有梦想但不知道该如何实现；有的人则是没有梦想，因而感到空虚；有的人觉得自己非得对所有人负责任；有的人则是被枯燥沉闷的工作所困扰，还有的人是苦苦等待着救星出现，替自己打点安排好一切。身处困境通常是指你仅仅看到了问题的一个方面，并且对自己所看到的这个方面非常排斥和反感。无论你是身处怎样的困境，我们都要认识到很关键的一点，就是我们所有人都总会不时深陷困境的，但我们总能有办法走出困境。

我们总能有办法走出困境。

闪亮行动

那么，你觉得现在自己是在哪个方面受困？仔细思考以下一组问题：

1. 你觉得自己在哪些方面是墨守成规的？
2. 你觉得自己在哪方面有责任感？
3. 你在哪方面感到毫无选择？
4. 什么事情会让你气愤？
5. 你在什么事情上会敷衍了事？
6. 你通常会为了什么事情选择忍耐？

你可以做些什么呢

陷入困境时，只要能够认清并且清楚描述出自己所处的境遇，就足以推动事情出现转机了。很神奇地，一旦你选择去应对自己的困境，问题就会变得没那么大、没那么可怕，也没那么严重了。

所以看一看自己面临的问题，将困境转化为你乐意迎接、乐于改变的挑战。以下的这些问题将会帮助你。回答问题时，尽可能地做到详细具体。

- 当你不害怕的时候，你会怎么做？
- 你想要什么？
- 你希望发生怎样的事情？
- 你想要创造什么？

只要你能够如实回答，这些问题都会带来强大的力量，因为它们帮助你明确了从现在所处的位置通往理想目的地的方向和路线。

相信自己的能力

曾经有多少次，你明明知道自己想要的是什么，却认为自己无能为力或是不可能做到因此望而却步？

这种不愿追随梦想的惰性均是源于恐惧。无论你想要达到怎样的目标，都要坚持一直问自己：如果我不恐惧、不害怕，我会怎么做。一种办法是不理会内心的恐惧硬着头皮去做；另一种办法则是找到方法，发自内心地相信自己有能力去应对问题，由此而释放心灵，两种方法有着天壤之别。

闪亮行动

你的生活中有没有哪个方面是你已然迷失方向，并且之后一直都不清楚自己想要什么的？选择一个你想要有所突破的方面（例如工作、感情、家庭、金钱或是自尊心）。如果你不知道该选择哪个方面，可以参照前面的人生饼图回顾一下。

1. 问问自己在这个方面什么事情会让你感到特别有精神、有活力？一个简单的判定方法就是当你思考这个问题答案的时候留意一下自己的精神状态。你也可以找一位信任的人来与你进行问答，由他/她向你提问。要确保在问答过程中你的时间主要用在那些能够为你点燃情绪、激励士气的事情上。

2. 接下来，对应你所选择的那几个生活领域，逐一填写完整以下句子："如果我不害怕，我会……"

下面我们以感情为例。

如果我不害怕，我会：

- 更加坦诚。
- 坚持尊重自己的需要，给自己留出空间，哪怕我的另一半不能完全适应。
- 更加忠诚。
- 表达出自己的真实感受。

根据以上模式，用自己的生活举出尽可能多的例子。

如果我不害怕，我会：

1.

2.

3.

4.

5.

闪亮案例

贾迈勒在生活中遭遇困境已经有好几年了，最后他决定接受人生指导。我初次见他时，他的妻子刚刚离他而去，那时的他正值低潮。他弄不清楚自己真正想要什么，也丧失了信心。我决定问他以下这些问题，帮助他敞开心扉。

1. 假如你没有失败，那么你会想做些什么？

2. 你能做的事情中最简单的是什么？

3. 你能做的最勇敢的事情是什么？

4. 你能做的最有意思的事情是什么？

5. 你能做的最违背你直觉的事情是什么？

6. 你能做的最安全的事情是什么？

当贾迈勒思考这些问题时，他便发现自己非常希望重返澳大利亚，在那里开一家海滨咖啡店。这是他一直以来的梦想，但因为先前他搬到了英国而放弃了。在接下来几个回合的问答中，贾迈勒逐渐建立起了自信以及对自己的信念，他开始计划要准备着手做一些自己喜欢的事情。一年后，我收到他发来的电子邮件，邮件中还附上了他新开张的海滨咖啡店的照片。他将身处困境的无助感转化为了自己愿意迎接和应对的挑战，也因此获得了自己真正想要的东西。

你该做些什么

如果你不采取行动，时间便一去不复返，而你却还是老样子。那么你该做些什么呢？坚持留意自己真正想要什么，并将它具体描述出来。明确自己究竟希望在哪一方面有所改变。然后规划好下一步怎么走才能让人生更接近你理想的状态。也许不是什么大动作，但却是实实在在的一步。这也是最关键的地方。就是迈出下一步而已。

规划好下一步怎么走。

明确不含糊

明确、坦诚地告诉自己想要什么，以及最希望看到的是什么，这是我们要走的第一步。无论现在看来你的愿望有多么的不靠谱，多么的荒谬，多么的遥不可及，你都一定要将它表达出来，即使你认为在现阶段这种愿望不会实现，今后也不可能实现。这一步意义重大。

一旦你察觉谈及愿望时自己羞于启齿，就提醒自己你在过去已经实现过的目标。提醒自己其实还可以达成更多的理想。决定权在你手里。挑战自己一回，承担风险去实现你的梦想。

闪亮回顾

明确自己真正想要什么是创造美好人生的第一步。当谈到假设梦想成真后，未来人生将会如何的时候，一旦你发现提及某个情境时自己兴奋不已，即能辨别出什么才是自己想要的。

闪亮一周任务

认真仔细地斟酌：在日常生活中，自己真正想要的是什么。不断提醒自己什么对于你才是最重要的，然后付诸行动。

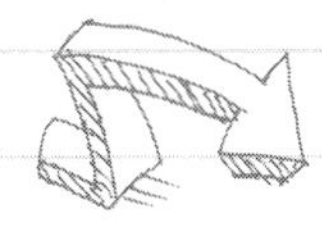

10 INSPIRATIONAL STEPS TO
TRANSFORM YOUR LIFE

第二部分

发现自我

第3章 培养积极心态，恐惧自动退让

万法为心造，诸相由心生。

——乔达摩·悉达多

意念为根本

如果说我们所掌握的力量足以让我们比现在强大得多，能够让我们超越现在的环境条件去创造更加丰富多彩、更有意义的人生，可能有人会觉得这个说法听起来似乎有些夸大其词了。但究竟是否如此呢？新的科学研究已经证实，我们的意念是能够影响外部世界的。事实上，意念参与创造出我们的现实世界，以及我们生活中经历的每一样事物。问题在于我们是否意识到了，我们大部分的想法、态度、理念以及个人观点都在制约着我们自身。而当我们不敢去挑战自己的理念或是行为时，我们的大脑就会一直重复激发固有的模式反应。这样一来，我们就会重复同样的思维方式和行为活动，也就无法认识到自己的潜力其实巨大得让人不可思议，也看不到自己面前到底有多少种不同的选择。换一种思考方式，实际上就相当于更新了大脑的思维布局，重新判定各条道路是否行得通。如果我们注意转换新的思维方式，就等于激活接通了大脑的线路，实现了神经元的连接。我们越是重复进行一种新的思维方式，就越是巩固了它在大脑中的存在。其实我们就是这样转变了思维理念。而如果能够做到这一点的话，我们也就能够改变人生了。

意识是关键

在改变理念之前，你必须弄清楚自己的习惯性思维和行为是什么，以及它们怎样影响着你的生活。我们的很多自动思维和自动反应都是无意识的，然而一旦我们能够识别出它们，并且有意识地去关注，这些行为就不再是隐性的了。同时，只要你熟悉了自己的思考和行为，摸透了自己的举止模式以及自我暗示的内容，就意味着你有机会去终止旧的观念，学会自主、自强的为人处世新方式。戒掉旧习惯、旧观念以及学习新方式的过程可能要循序渐进，但若你能够坚持下来，这个无比刺激的努力过程最终会为你带来一种前所未有的自我感觉，也会带你冲破安逸圈的束缚，摆脱因循守旧、周而复始的循环。不要让外界左右了你的思路，而应该是由你来开辟和掌控自己体验世界的道路。你希望如何去思考、如何处事以及如何感知生活？决定权紧攥在你手中。

善待恐惧

冲出安逸圈势必会带来恐惧感。即使是你主动选择去改变，比如结婚、生孩子或是跳槽，都会触发内心的恐惧。这种恐惧其实是给你机会扪心自问你是否真的愿意做出改变。谨记这一点，对缓解恐惧心理有一定帮助。这种恐惧感也能让你明白任何一种改变都会让人感到十分不安，也会让你了解若要摒弃性格和生活中的一部分，会带来怎样的感受。

闪亮秘诀

应对恐惧最有效的方法就是去经历和体验它。

恐惧会让我们失去平衡，不知所措，毫无安全感。它绑架我们的灵魂，使我们不敢冒险。但是如果反过来，你敢于认清自己的恐惧并将其视为人生中无法割裂的一部分、一个新开始的标志，就不会容易感到泄气和挫败了。你之所以感到害怕，是因为内心启动了预警机制，提醒你现在已处在安逸圈的边缘，站在了新旧两重天的交界处。

无论什么时候，只要你学会了直面恐惧，就意味着你跨越了过去牵绊自己的心理障碍。超越了这个障碍，你便会领略到内心和外在世界都焕然一新的风景，你也因此而踏入了一片新天地。也许一直以来你都非常排斥恐惧感，但你还是要学着接纳它，因为恐惧是任何改变都必然涵盖的一部分。不妨将恐惧看做是开发心灵力量的一个机会，同时它也带来了历练自己的机遇，让你拥有强大的自我，不再因任何事情而畏惧气馁。

闪亮秘诀

如果你不为恐惧所屈服，勇敢面对，那么你便掌握了选择最佳应对方法的决定权。

勇敢发光

如果说我们内心的一部分其实是害怕自己成为大有作为、成功卓越的人，这可能听起来有悖常情。但事实上我们又常常恐惧把自己的潜能全部释放，也许是因为担心自己无法做到，也可能是害怕自己无法肩负起创造理想生活这个伟大梦想所伴随的责任。隔断我们实现理想的鸿沟其实是我们内在的惰性和排斥心理，而我们往往会将失败归咎为外因。但是显而易见，现实中唯一阻碍我们取得成功的真正障碍就是我们自己。这种障碍包括了恐惧，以及对自己是否有能力担当起创造理想生活这一重要角色的质疑。而摒弃这种畏惧的想法，你将会看到不一样的自己。成功是一种心态，幸福也是一种心态。如果你想要成功，那么就先将自己想象为一个成功的人；如果你希望得到幸福，就先带着幸福的心态去看问题。心态决定了你的生活状态。

成功是一种心态。

创造良性循环

改变生活的第一步，就是要决定你是否愿意以及是否准备好了做最好的自己。这也就意味着相信自己的人生有理由过得最有成就感、最精彩，而不是退而求其次。这种对自己的信念会为你创造一个良性循环——你会更乐意做到最好，更有精力和动力。这种精力和动力又转换为更强大的自信心，相信自己能够完成这次的改变。积极的信念造就积极的人生体验。

是什么让你迟迟迈不出走向最美好生活的步伐呢？

你太胆小懦弱了吗?

出现以下情况时，证明你太胆小懦弱了：

● 你对自己的现状不满意，但没有采取任何行动。

● 你很羡慕某某人，希望可以像他/她那样，但却不敢挑战自己是否有这个潜力。

● 你害怕做真实的自己，所以你在生活中总是戴着面具。

● 你不相信自己的判断力，所以总是唯唯诺诺、唯命是从。

● 你不喜欢现在的工作，但为了那份工资，还在继续干。

● 你觉得迷惘，没有方向。

胆小懦弱的原因就是害怕完全释放自己的潜力。你的恐惧和不自信会牵绊你的脚步，你就会觉得生活不受控制，真正渴望的人生遥不可及。到最后你可能甚至就这样放弃了想要做到最好的愿望，或者根本不知道自己优秀时会是什么模样。

将不自信的想法释放出来就等于是打开了通往乐观和振奋的大门。你的世界便由此开阔起来，你将开始看到新的机遇。无论你是否已经发现，机遇其实从来都在你的面前，但假如你深陷在疑惑和彷徨中，它们便很容易被错过。

列出五样你觉得可能牵绊自己的事物。例如，你一直陷在一段不幸福的感情中无法抽身，是因为你害怕孤身一人、形单影只；又比如你原本想要找一份更有兴趣的工作，但因为对自己的能力没有信心而搁置下来。坦诚面对自己。能够看清并承认这些方面，就等于赢得了一半的战役。

是什么牵绊了你？

1.

2.

3.

4.

5.

回头看这些回答时，留意一下是什么阻挡了你的道路。你是否对自己太严格、太苛刻了？也许是因为你内心自我批评的声音说你还不够好，或者你还不配得到什么。又或是别人或其他外在因素对你进行指责？要记住，我们在生活中经历过的各种阻碍，归根结底无一不是我们的心理障碍所造成的。我们在外面世界所遇到的冲突和窘境如镜子一样反射出我们内在的价值观和理念。其中有一些理念和价值观隐藏得很深，我们甚至都未必能意识到它们的存在。但无论你察觉与否，它们都依然在塑造和左右着你的生活。只要你辨认出了这种障碍，你就能选择去改变它们。

自我批评是指内心中伤或指责自己的声音。这种声音源于你成长过程中接收到的各种信息。

打破消极思维的恶性循环

一般来说，我们脑中每天至少会出现几千个想法，这些想法大部分是重复的。我们每次重复同一个想法时，都强化了这个想法，让它更有影响力。这种重复的想法要么演变为今后墨守成规的思维定势，要么就只是一次普普通通的思考过程，而除非我们扭转思维方式，否则我们将一直因循守旧地按照同样的思路去分析和看待问题。要打破这种消极思维的恶性循环，你就必须将它们替换为自我肯定、自我激励的观念，直到这些观念成为你的常规想法或默认思路。要知道，你所要遏止的想法和理念并不总是显性的。举个例子，也许你告诉自己你很希望去找一份更有兴趣的工作，但内心深处你却可能认为自己天资欠缺或是不够聪明，没有跳槽的机会。如果你潜意识中的理念和你的愿望背道而驰，那么它便有可能会使这个愿望无法得以实现。倘若你判断出哪些理念已经不再适合自己，你就可以有意识地将它们扭转过来。

你所要遏止的想法和理念并不一定都是显性的。

列一张清单写出自己不敢启齿的想法，好好想一想这些想法会给你的生活带来怎样的影响。再写一张清单列出激励你前进的想法，也就是将刚才那些消极的观念改写为积极的观念。留意一下当你将这些理念转变为积极奋进的观点时，给自己带来了怎样的感受。

你不敢启齿的想法	能激励你前进的想法
改变是很困难的事情	改变既有挑战性又刺激
我年龄太大了/性格太固执了，改变不了的	任何时候我都能选择改变
我不配	我值得拥有最好的
我觉得无能为力	承担起人生的责任让我感到充满力量
我是个失败者	我是成功者
我不够聪明/漂亮/资格	我爱自己，也肯定自己
命运总是不公平的	生活是靠自己去创造的
我不想冒这个险	我愿意放手一搏
我不能拒绝别人	我能够学会拒绝

消极信念	积极信念
1.	1.
2.	2.
3.	3.
4.	4.
5.	5.

选择自我激励的做法

一直遏止想法和自暴自弃的习惯也会让你的日常生活受到局限。一旦你对于自己的消极想法、观念和行为模式有了更加清晰的认识，就可以选择转变这些观念，选择那些自我激励、自我肯定的做法。正确认识会为你带来选择，选择则会让你获得自由，更加活出真我本色。你的想法会让你感觉良好，也会让你感觉很糟；可以让你大显身手，也可以让你萎靡不振；可以让你乐观向上，也可以让你悲观低落。改变了想法，你就改变了生活的预期。你的头顶便不再有一道无形的限制，制约着你的成长和潜力。现在你已经可以开始构想自己到底能有多优秀，以及最优秀的你会是什么样。

从恐惧到自由

我们前行时之所以会感觉受到阻碍，往往是因为遇到困难后不知该如何克服，因而感到迷失无助。这种情形所带来的恐慌会使我们手足无措，而事情却依然毫无进展。看到事情没有任何起色，我们可能会焦躁不安、忧心忡忡，或是沮丧泄气；我们也可能会因为事情没有预想中的顺利而捶胸顿足。既然你可以运用积极的想法让自己的生活变得更加美好，同样道理，当你被消极的想法所控制，你的内心自然会臆想出各种各样当你冲出安逸圈后可能发生的差错和恶果。发生这种情况后，你就会慢慢停下脚步，或是回到先前熟悉的状态。

如果你感到畏惧，那么和自己心中的魔鬼相处时必然会诚惶诚恐。但谨小慎微是无法让你发掘出自己的力量和潜在的才能的，你也无法成长为一个卓有建树、独一无二的人。而若是你选择了挺身面对恐惧，你便开始了走向强大的历程。当你冲破了那些束缚你的力量，便会开启最美好生活的秘密。

冲破那些束缚你的力量。

把眼罩摘掉

你会把自己和自己的理念带到每一个场景中。如果你尝试前进但前路似乎被堵塞了的话，也许是因为你自己认为未来的可能性是有限的。抱着这种认为未来有限的想法就像是戴着眼罩看世界，它会缩小你的视野。把眼罩摘下来，你才能拥有 360°的全景视野。当你告诉自己潜力是无可限量的，挡住你道路的那堵砖墙就会随之崩塌。只要你将自己从各种限定的观念中解脱出来，砖墙后面的所有可能性便自然呈现在你面前。

开阔你的视野

麦吉很害怕坐飞机。当她的朋友假日相约外出旅行时，她总是独自留守。每次错过这些精彩的旅行都让她特别懊恼，经历了几年这种情况后，她决定要开始有所行动去应对了。在她所参加的人生指导课程中，她学会了用积极的想法来替换掉关于乘坐飞机的消极念头。麦吉将每日信条定为："坐飞机时，我是安全并且平静的。"此外她尽量在脑海中想象并勾勒出梦寐以求的休闲假日，比如躺在热带的美丽海滨，喝着一杯冰镇饮品。渐渐地，她对梦想岛屿的强烈向往已经远远超越了她对飞行的恐惧。几个礼拜后，麦吉准备好了直面飞行心魔。她订好了一趟英国国内的短途航班，带着积极的信念和期望，她自信地登上飞机。起飞时，麦吉确实有一小会儿紧张得屏住呼吸，但她已经强大得足以战胜恐惧，也不再被这种恐惧感所控制。

两个月后，她飞到了加勒比海，在那里享受了自己的梦想之旅。她不但打开了双眼的视野，也开阔了内心的世界。

你有能力控制和改变自己的思维模式，也有能力去选择自己想要怎样的生活经历。

闪亮秘诀

决定成败的关键不是是否害怕，而是是否有付诸行动的勇气。

藐视恐惧

恐惧也不完全是坏事，我们不可能将它完全消除。我们也不必尝试将它赶尽杀绝，因为恐惧感也有它自己的作用。面对恐惧，是迎战还是逃避，是决定我们能否挺过难关的关键。在时间紧迫的情况下，恐惧感能够激励我们更加努力投入地工作，赶在截止日期前顺利完成任务。如果情况更加危急的话，做母亲的为了拯救被压在车底的孩子，甚至可以空手抬起一辆汽车。

然而，更常见的情况中，恐惧封锁了我们改善生活的门路，使得我们的潜力无法发挥。而当你奋起迎战恐惧感时，各种消极的想法和情绪便连珠炮似的突然向你射来。即使你鼓起勇气要穿越恐惧，仍然会感到战战兢兢。而当你发现自己能够毫发未损地成功穿越，走出恐惧，你就会明白恐惧已然消退，而你却越加强大。

闪亮秘诀

当你认识到自己比问题要更强大，你就能够获得足够的勇气去征服一切。

有一点很重要，就是你要懂得蔑视恐惧，并且要明白自己耗费大量的时间担心和焦虑，反而使你失去了树立新目标的机会。穿越恐惧其实就是意味着敢于冒险，要求你必须既有耐心，又有行动力。刚开始的时候，最好给自己设立一些比较小的挑战。随着自信逐渐增加，再给自己设定更高的目标。

积极的预期

保持乐观向来是取得成功的关键。只要你肯相信，你对事情的结果越是抱有积极的预期，应对人生挑战时你就越是得心应手。保持乐观的意思不是说要你无视困难的存在，假装一切都顺利简单。认清现状、了解自己的心态以及懂得调整思考的方向，才能够给自己动力，帮助你找到解决方法。

无论做什么事情，积极的思考都会令你成功的概率倍增。当你对自己的价值充满信心，相信一切目标都尽在掌控，你就开始懂得了如何给予自己信任，以及如何创造性地思考。同时你也能够开始设想积极的解决方法和结果，将放弃和失败的念头一尽打消。事实上，这些“放弃”、“失败”的字眼会就此从你的字典中消失，因为你已经学会将任何事情都视为一条学习曲线。你现在注重的不再是自己没有什么，而是自己拥有什么。你也会开始珍视自己拥有的一切。

给新观念留出空间

从消极、自我设限的观念转变为积极观念其实仅仅是看待问题的角度发生了变化。尽管如此，要完全调整为新的思考方式还是需要坚持不懈的努力和恒心。不论何时你的脑中闪现了消极的念头，都要立刻以积极观念取而代之，让自己享有良好心态。经过反复尝试，最后你会自动打消这些泄气的想法，一心一意坚持那些能够给予自己支持和肯定的信念。

你要谨记重要的一点，就是不必时时刻刻都扑在扭转观念这件事情上。当你放松下来，脑海中自然就留出空间让这种观念的转换自然而然地进行。每天给自己至少十分钟的时间，做一些不需要任何思考的事情，要让大脑放松休息，例如外出散步、冥想，甚至熨烫衣服都可以！

闪亮秘诀

你怎么看问题，就会过着怎样的生活。

回顾一下你在生活中曾经经历过的恐惧，又是如何走过来的：

- 你是凭借着性格中的什么特点让自己走过来的？
- 走出恐惧后，你有何感受？
- 你觉得在这个过程中你从自己身上学到了什么？

要肯定自己在这种情境中确实有着出色的应对能力。

以同样的方式，你还能够面对和克服其他怎样的小恐惧？

闪亮回顾

要记住，你的信念塑造了你的人生，无论是积极的还是消极的信念都有这种力量。不论消极观念在你身上已经存在多久，你都有能力去改变它。当你有勇气去做真正的自己，你对自己的信念会让你充满自信地去照耀和启迪别人。

闪亮一周任务

选择两种能够给你力量、激励你付诸行动的积极信念，专心观察。当你能够扭转自己的观念，消除负面想法，你实际上就已经在开辟不附带感情色彩的新型思考方式了。留意一下积极的信念会带给你怎样的影响。

第4章 学会坦诚面对自己

接受变革，但也要坚守个人价值观。

清楚自己的价值观

想象一下那些最让你快乐的事情，例如展示自己的天资和才赋，或是和自己所爱的人们在一起。如果这些方式能够为你带来满足感，那么就表示你最珍视的事物在生活中占据着重要位置。当你清楚了自己的价值观，就明白了什么才是对自己至关重要的，什么能为你带来最有成就感的人生。你的价值观塑造了你的性格，同时也给了你最强烈的暗示，告诉你对于自己来说什么才是第一位的。弄清楚自己的价值观，并且确保遵循坚持自己的价值观，是培养自信和健全的人格的根本条件。

价值观是无形的，它既不是我们所拥有的事物，也不是我们所进行的活动。比如金钱，就不属于价值观范畴，但你对金钱的态度以及你花钱的方式则会反映出你的价值观（例如安全感、心态平和与否、自由度、慷慨程度、快乐与否）。你的价值观对于别人而言往往是非常明显的。举个例子，当你和别人初次见面时，你可以从对方的穿着打扮、沟通方式，以及对方言谈中表达的观点和理念中大致了解到他的价值观。

信念塑造了一个人看待自己和看待世界的方式。除此之外，还有一个具有塑造力的因素，就是价值观。你对某种事物的强烈感觉或是特别的热情必然反映出你的价值观。比如，你的价值观之一是自由，那么你必然会设法将这一个价值观贯彻到生活中去，一旦感到自由受到威胁，你就可能会产生愤怒或是怨恨的情绪。如果你非常看重诚实，那么不说谎话对你而言就很重要，而如果有人不诚实，你很可能就无法忍受了。识别并明确自己的价值观对你的决策和行动都大有帮助。倘若不去遵循自己的价值观，你便会感到活得虚伪，这将会引起心理紧张。而相反，如果你遵循自己的价值观，就会感到内心踏实、和谐，心里自然舒坦。

以下是一系列用于表示价值观的词语和词组：

勇气、果断、诚实、独立、忠诚、可靠、开放、责任、自律、自尊、慷慨、谦虚、幽默、正直、坚韧、亲密关系、积极、空间、信赖、包容、认可、灵感、无拘无束、成就、知名度、个人力量、人脉、协作、轻松、美丽、敢于承担风险、成长、和平、合作关系、浪漫、和谐、自由、整洁有序、卓越、冒险、愉悦、成功、真实。

找出自己的价值观

当你做一件事情时很有满足感，证明你是遵循着最重要的价值观而生活。明确自己的价值观，你便能够明白什么东西对自己是最重要的，什么会带给你最大的满足和成就感。遵循价值观生活，我们才会感到与自我和谐一致。否则，便无法取得和谐。

找出自己的价值观最简单的方法就是审视自己的生活。打个比方，如果某天早上醒来你发现自己无所事事，也没有任何特别的计划，因此而觉得特别高兴，那么你的价值观应该可以界定为空间和自由。如果你喜欢和别人打交道，并建立起深厚的感情，那么你的价值观大致可以被界定为人脉和亲密关系。

列出你的十条价值观。如果你想到的不止十条，请在列表下面继续添加。

我的价值观是：

1.

2.

3.

4.

5.

6.

7.

8.

9.

10.

你可以将以上价值观按由重到轻的顺序排列，看看哪些价值观对你是最重要的。排在前列的这些就是你的核心价值观，它们代表了生活中对你真正最为重要的东西。在人生的各个不同阶段，你的价值观可能会有所不同。比如，也许好几年以来你最重要的两项人生观分别是独立和自由，然而当你准备开始恋爱时，最重要的两项就会被亲密关系和人脉所取代。当然也有可能是四项并重，这就意味着你在寻觅一段感情，在这段感情关系中，你渴望独立的愿望必须得到对方的尊重。你也可以将同类的价值观相合并，例如诚实、真切、正直，这些价值观所反映的本质都是相同的。

当你列好了价值观，问问自己每一条对你有多重要。你的生活是否与这些价值观相一致？注意不要自己来做评判。你只需要找出对你重要的是什么，以及你的生活是否反映出了这些事物的重要性。选出两条最重要的价值观——让你感受最强烈的两条——想一想你如何能将它们渗透融入到每天的生活中。

利用价值观为你做决定

当你清楚了自己的价值观是什么，你就可以开始探寻自己究竟想从生活中获得什么了。在做选择和做决策的时候，你的价值观就是用来判断是否采取行动的试纸。换言之，价值观是你做每一件事情的指导原则。在你下定决心要去做任何一件事情之前，问问自己：

● 这样做是将我向自己的价值观推近了一步，还是让我距离自己的价值观越来越远？

● 如果我做了这个决定，我是遵循了哪一条价值观？

真正的成就感

基于核心价值观而做出的决策必定会引领你寻获更多的成就感，因为没有什么感觉能够比在生活中充分地展现自我更幸福了。遵循价值观会为人带来内心的满足感和成就感，但做到这一点也很有挑战性。如果我们很害怕坚持价值观所带来的后果，可能就会选择背叛自己的价值观。比如，你的两个核心价值观分别是冒险和独立，如果你很担心自己赚不到足够的钱，你可能就会选择一份枯燥乏味、程式化的工作，压抑了想要独立自主、寻求刺激的渴望。又比如，如果你的核心价值观是信任，你要经历一段试验期，在这个期间里，你感觉草木皆兵，所有人、事、物都不可靠，那么这就会使你很难坚持按照自己的价值观走下去。当恐惧占领了制高点时，你就很难表达出自己的价值观，你就比较有可能选择一种中庸的生活态度，而不是去经历那种波澜壮阔的人生。但无论挑战有多大，坚持人生观的能力会让你感受到人生的明智与完整。你会感到自己与内心的和谐统一。你对自己是坦诚而真实的。

核心价值观是指激励你人生各方面前进的根本动力。

重复发生的模式

你有没有留意过自己生活中常常重复发生一些相同的事情？尽管每次出现的情景或人物不一样，但事情进展的模式却是一模一样的。你觉得工作得不开心、没有受到重用而辞职，结果下一份工作却同样无法让你满意；或是你这一次爱上的人和你的前任完全不同，但相处不久旧的问题又开始出现。如果你弄不明白为什么同样的人、同样的事情总是重重复复在你生活中出现，不妨问问自己："这些问题有什么共性吗?"如果你对自己完全坦诚真实，就会承认问题其实在于你自己。别忘了，你是否遵循自己的价值观、信念和预期，决定了你将有着怎样的生活经历。如果你能够与这些因素保持一致，那么你一定会非常渴望这种模式不断重复发生；否则，这种重复的模式只会给你带来不快。

是否遵循自己的价值观对你的生活经历起决定性作用。

找出一项目前自己正在经历的重复的模式。

- 想一想有哪项价值观是自己没有遵循的。
- 想一想有没有哪一种理念能够改变这种模式。

把你的想法写下来，然后看看你是否觉得在生活中应该更加遵守自己的价值观。

你该怎么开始呢？首先该怎么做呢？

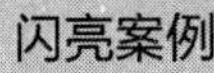

闪亮案例

遵循核心价值观

丹尼尔已经离过两次婚了。两次他都将婚姻的破裂归咎于这两任前妻。他觉得妻子背叛了自己，感到很受伤，并且发誓再也不谈恋爱了。数年后，他遇到了一个名叫萨拉的女人，非常吸引自己，但同时他也很担心再次受到伤害。丹尼尔对萨拉的好感让他觉得内心很矛盾，在经历一番心理斗争后，他决定寻求一些人生指导。

刚开始丹尼尔拒绝承认自己在两段破碎的婚姻中所应该负担的责任。但很快他就意识到自己潜意识中的一些观念对于婚姻的失败是重要诱因。丹尼尔的母亲强势而霸道，这使得他很害怕被女人控制。这也就意味着丹尼尔不允许自己和妻子过于亲密或是坦诚分享自己的感受。最后他就与自己的妻子逐渐疏远、隔离，最后以分手告终。

丹尼尔的核心价值观与他对亲密关系的恐惧形成鲜明对比，他的核心价值观是忠实、坦诚、勇敢和守信。他在处理感情关系时与自己的价值观背道而驰，最后无法收获幸福并且以极其糟糕的结局收场也就不奇怪了。丹尼尔渐渐开始重新调整自己对价值观的态度，他发现在面对感情时遵守价值观是十分重要的。此外，丹尼尔还非常努力地扭转心中的消极观念，让自己敞开心扉、学会信任。他鼓起勇气向萨拉表白，几个月后他反馈说自己此生从来没有如此幸福过。

不要自欺欺人

人是一个矛盾体，一方面我们向往幸福、成功的生活；另一方面却又固执地重复着那些会带来相反效果的行为模式。不要自欺欺人，真实坦诚地面对自己是解决问题的关键。如果你浅尝辄止，那么获得幸福感和满足感的潜力就无法充分发挥，在生活中体验到的快乐也十分有限。而如果你遵从自己的意愿，肯定自己的独一无二之处，你就能做到最好。迎接挑战去充分释放自己的能量，你将永远拥有幸福快乐的秘方。

将挑战视为机遇

在汉语里面，“机”字既能表示危机，也能表示机遇。这个奇妙的现象暗示我们，所有你遭遇到的挑战其实都蕴含着强大的机遇，它能让你超越自己已有的认知水平和生活状态。最伟大的成功故事都是由那些能够识别出问题，并把问题转化为机遇的人创造的。你会发现任何一种情况，只要经过合理分析，都会为你带来机遇，让你更深刻地认识自己的真实秉性，增加对自己新的认识。这个过程会给你许多启发，让你为自己的人生以及生活的前景感到激动，它会激励你将自己的潜能发挥得淋漓尽致。

所有你遭遇到的挑战其实都蕴涵着让你成长的巨大机遇。

理念和价值观是推动你走向幸福和成功的力量。

热爱生活

获得成就感的道路将会是陌生并且充满挑战的。因为我们大多数人成长的过程中，大人教会我们的都并不是要按照自己的价值观去选择你想要的生活。我们大部分人都只是无奈地向所谓命运妥协，为现实而将就着生活。我们做选择时，判断的标准总是别人希望我们怎么样，怎么做最不费劲、最省事。选择过自己想要的生活是一个需要勇气，甚至是激进的决定。要做到这一点，你必须认清自己的价值观和价值，以及认清摆在自己面前的各种可能性。

执掌人生

当你学会尊重自己、相信自己，生活的挑战就尽在掌控——甚至这些挑战会让你感到无比刺激。你的价值观和积极的理念会让生活变得充满力量。这也就使你能够百分之百坚持自己的路线，投入到行动中去。同时，也会能够帮助你为自己而战，发挥出最大潜力，让你知道自己是世界上最强大、最能干的人。

闪亮秘诀

你怎么看待问题，就会活出怎样的人生。

闪亮回顾

要记住，当你与自己的价值观保持一致，你就获得了力量。你会因此而发现自己的本色，并且变得充满活力、光芒四射。做决定时，要选择最适合自己的道路，不要再重蹈覆辙扼杀了自己的幸福。人生总是让人感到充满挑战，但当你懂得将挑战视为机遇，你就掌握了收获满足感和成就感的秘诀。

闪亮一周任务

跟进留意自己花在工作、阅读、家庭以及陶冶性情等方面分别花费了多少时间。如果是出于兴趣而阅读，你通常会选择一些什么类型的书目或杂志？这个方法可以帮助你推断出自己最看重的东西是什么。那么你要怎么做才能将这些自己最重视的元素更好地融入日常生活呢？

第5章 发掘潜在的冒险精神

生活，要么是一场大胆的冒险，要么你一无所获。

——海伦·凯勒

你是否希望人生能够充满激情、意义非凡、丰富多彩？只要你发掘出冒险精神，抱着开放的心态去看待自己的能力和创造力，没有什么是不可能的。这就将是你人生历险记的开始。当某天醒来时你非常渴望面对这崭新的一天，学会了认可和热爱自己，就证明你的冒险精神已经成功开启了。

万事万物都会变化

变化是必然趋势，我们生命中的所有事物都处于永恒的运动状态中。月有阴晴圆缺，天空有斗转星移，四季有更迭交替。即使是人类身上的细胞也时时刻刻都在运动变化之中。我们每个人在人生的不同阶段都面临着变化。如果你能够完全接纳新的生活体验，改变将为你打开美妙的未来之窗。而如果你抗拒改变，就会觉得它破坏了生活，甚至对它感到恐惧。从害怕改变到喜欢改变的最有效方法，就是转换方法。

从过去的“我很害怕……”，转变为充满自信地宣布“我很高兴……”。

以下是几个例子：

我害怕辞职。	我很高兴可以离开这个工作岗位。
我害怕冒险。	我很高兴可以做出改变。
我害怕孤单一人。	我很高兴自己可以独立了。

想一想生活中最让你害怕去改变的是什么，把你的想法写下来。你可能开始只想到一件或两件很明显的事情，但可能还有其他的没来得及浮现在脑海中。留意一下这些想法带给你怎样的感觉。现在换一个立场，将你“感到害怕”的变成你“感到高兴”的。换了一个角度后，给你的动力是否有所不同？

我害怕……	我很高兴可以……
1.	1.
2.	2.
3.	3.
4.	4.
5.	5.

从害怕到高兴

当你开始重新塑造自己看问题的方式和角度，一个全新的世界将随之为你敞开。你改变看待生活的方式，这个过程会让你摆脱对事情因循守旧的分析方式和预想期待。同样的半杯水，过去只是消极地看到一杯水已经少了一半，现在则能积极地看到杯子里至少还剩下一半的水。你会在顷刻间明白原来还有那么多的可能性。原来看不见的路现在便能清晰地出现在面前，你也将开始看到前进的道路在哪里。

乐于尝试新鲜事物

爱丽丝笑道："就算试了也是白试。"她说，"我们怎么能相信根本不可能发生的事情呢。""我敢说你一定没有尝试过。"女王说道，"我年轻的时候，每天至少花半个小时尝试新鲜事物。为什么要这么做呢，因为有时候在吃早餐之前我就能发现好几样之前以为根

本不可能的事情其实是存在的，最多的一次，我刚起床就发现了六样。”

——《爱丽丝梦游仙境》

闪亮概念

所谓“重塑”是学习一种新的看问题的方式，改变过去的旧观念和旧的分析方法，采取一种不同的方式。

下面我们权当是做游戏，如果任由你发挥想象力，你能想象到发生在我们生活中最不可思议的事情有哪些？尽管这些可能只是一些不着边际的梦想，但你要让自己的想象力尽情发挥，让自己在脑海中真真切切地描绘和感受如果真的如你所想出现了这样的情景会是怎么样的。把脑海中闪现的统统都用笔记录下来，不要刻意修改你的想法。你的想象力是无穷的，所以要让它自由伸展。20世纪最伟大的人物之一爱因斯坦曾经说过：“想象力比知识更重要。”真正能够激励你追求最美好生活的不在于你的知识量有多少，而是你是否愿意展开想象力。

让想象力为你发掘各种可能性

创造理想人生的第一步就是要发挥你的想象力。

你必须勾勒出自己想要什么。当你在脑海中勾画出这样的一幅图画，你其实就已经是在脑海中勾勒出新生活的蓝图了。你的想象力会展示出你如何将这些可能性一一变成现实。当你构思时，不要去想现在情况是什么样的，而是应该想你希望情况会是怎样的。要实现梦想必须得靠你自己。

要实现梦想必须得靠你自己。

当你受到了启发，你便会一改过去的方式，做出完全不同的选择。而每一个你做出的选择又会为你带来相应的体验，所以当你打开了思路，生活也会随之丰富起来。无论你目前的处境如何，学会冒险以及做出创造性的决定都会是愉快的过程，你的创意也会让你灵感闪现，获得新的解决方案。相反，如果你选择保守度日，就无法体验到这些了。

让我们从日常固有的思考方式中走出来，转变为启发式的思考。利用你的想象力去发现事情的各种可能性。你不去试一下就永远不知道究竟该怎么做。因此你所要做的就是实践梦想。让自己成为你所能想象到的最优秀的样子。如果你想象自己能做到，就一定能做到。

闪亮秘诀

如果你相信内心的指引，你就能依照自己的意愿创造出理想人生。相信那个声音——“你能行的”。

打破常规思考

为了发掘出冒险精神，你必须保持好奇心，探寻更多关于自己的情况以及人生各种未知的可能性。你对自己有好奇心，才会愿意考虑各种各样不同的选择。好奇心将引领你找到新的自我，丰富你的生活体验。你将看到新的世界和新的理念呈现在自己面前。

没有人会自甘平庸。但如果没有愿景也没有树立梦想，那么我们的生活必然会单调乏味、毫无意义。如果你希望自己的人生精彩无比，那么你就要打破常规思考问题，不要再以事情的可行性来作为判断标准。为了过上真正意义上的理想生活，你必须要彻底改变你的思维模式、提问方式以及成长途径。当你竭尽所能地努力，全面充分地了解自己，并为此而感到高兴，就意味着你已经开始去探索属于你的冒险精神。你会因此而变得灵活、开放，更愿意去接纳新的体验。

爱因斯坦有句名言：“要想解决问题，就必须先改变制造问题的观念。我们必须学会以新的眼光看世界。”换言之，我们必须挣脱墨守成规的桎梏，构想出更丰富多样的可能性和更广阔的画卷。要做到这一点，其中一个办法就是转变看问题的角度和立场，开拓视野，敢于想象更美好的生活。

开始试验

万事俱备，现在就只等着发掘出你的冒险精神了。找到冒险精神要比你想象的容易一些。开始试验时，首先要选择一个与过去不同的工作方法。做一些你平常不会考虑去做的事情，尝试挑战内心那些自我设限的想法，也就是那些你认定事实就是如此但其实不然的错误观念。以下是一些例子：

- 想要改变是不太可能的。
- 我在……方面从来都是不擅长的。
- 我的人生是不可能精彩的，因为我根本就不是个活得精彩的人。

坚持重塑自己的理念。报名参加一个舞蹈班，学习驾驶帆船，研究雕刻技术，换一个方向睡觉，和自己景仰的人聊天。推自己冲破安逸圈，并鼓励自己一直朝着未知的领域挺进。如果你发现自己对探索新事物怀有抵触情绪或是惰性，则最好把之前填写的“让你感到高兴的事情”清单拿出来回顾一下。勇敢地在后面再增加几条内容。跟随你内心的直觉。相信自己的选择无论如何都一定会是正确的，相信尝试新的体验会让你的生活更加精彩纷呈。

尝试新的体验会让你的生活更加精彩纷呈。

闪亮秘诀

所有的成长和成就都不可能毫无风险就轻易获得。

闪亮案例

阿尼尔是一位老师，他从事教师工作已有数年。尽管他教得不错，但他常常感到倦怠和疲惫。在读大学期间，阿尼尔的理想曾经是成为一名作家，于是当时他自己创办过一本杂志并亲自担任编辑。讲到这一段时光时，阿尼尔描述得绘声绘色。很显然，他对写作充满热情，尽管他没能将写作作为主业，但这才应该成为他真正的职业。在过去的几年里，阿尼尔写了不少短篇小说，但却从未拿给任何人看，因为他对自己没有信心，觉得作品不可能得到发表。在接受人生指导的过程中，阿尼尔开始意识到自己的保守导致了多么严重的意志消沉和身心倦怠，这让他重新点燃了对写作的热情，并意识到自己有多渴望让写作成为自己的主业。他兴奋又紧张地联系上了一家出版社，将自己的作品拿给对方看。出版社非常喜欢阿尼尔的作品，一年后他的第一本书发行面世。很快阿尼尔开始了全职作家的生活。他发掘出了自己的冒险精神，并找到了重新燃起热情的勇气。

闪亮秘诀

敢于冒险的人看待问题的方式如同探险家。他们敢于开辟新的领域，更换工作岗位或转行，以及培养新的兴趣爱好。

坚定信念直至成功

机会往往乔装成神秘的面孔出现，或是出其不意地降临。如果你具备了冒险精神，就能识别出各种机会。至少你懂得去探索自己人生旅途上出现的机遇，因为你知道新的生活体验会丰富你的人生。敢于冒险是指即使担心落选仍然能鼓起勇气参加求职面试，即使害怕沦落单身也能勇敢斩断名存实亡的感情纠葛。倘若你能够发掘出自己的冒险精神，你就会感到乐观豁达，充满前进的动力，充分相信自己有能力去实现目标。而你追求既定目标的决心会转换为前进的动力，它甚至能让困难阻碍变得微不足道。

坚定立场

投身之前，难免犹豫，考虑退缩，置身事外。然而所有进取与创造之行动都蕴涵一个基本事实。忽略这个事实将扼杀无数创意与雄心。一旦决定从此投身，天意随之而发，种种机缘发动，以促成非此无以成真的奇事。只要能力所及，甚或梦想所至，就开始着手吧！勇气之中自有天赋、力量与神能。

——歌德

你是否遇到过这样的情形，就是发现维持现状要比冒险尝试新的出路还要困难？如果有，那么这是一个标志性的时刻，它是你人生的转折点，你可以把它记录下来。然而，要从生活的一种状态切换进入另外一种状态，你必须得坚定立场。如果你瞻前顾后，机遇便很有可能从指缝中溜走，你那段已经无关痛痒的感情纠葛就无法彻底了断，你的梦想也不可能实现。当你下定决心要追求自己的理想时，先前闻所未闻的各种资源都会一一自动呈现在你面前，也就是说，从

你下定决心的那一分钟开始，各种条件便会开始就位，你就能吸引到支持自己计划的力量。你对完成目标的立场越是坚定，就越是能获得更多强有力的支持——很多支持的力量都是来自你意料不到的地方。在决定跟谁倾诉与分享自己的理想时，要相信自己的直觉。如果你的梦想特别重要，你可能会希望暂时保密，直到它发展成熟能够经受得起别人的审视和质疑。虽然说我们要明智一点，不要将理想透露给可能会对你泼冷水的人，但有时候负面的回应也可能会成为你更加坚定决心的动力，让我们更加清晰地判断出什么最适合自己。

你对完成目标的立场越是坚定，就越是能获得更多强有力的支持。

下定决心

只有当我们真正下定决心准备好迎接新的机遇时，我们才可能收获一段美满的感情，才可能奉献出有价值的东西，才可能获得足够强大的能量和动力去发掘可供我们选择的道路。同时，这也意味着我们必须斩断旧的生活模式，才能为即将创造的新生活腾出空间。下定决心要过最美好的生活这个举动看似简单，但蕴涵着强大的力量，它能够增加你的自信心，让你相信自己能够做到：无论生活带给你怎样的感受，你都能过得更加幸福快乐。

敢于冒险

如果还是一如既往地走老路，那么你的生活就必然跟过去没什么两样。也就是说，如果生活中的各个方面都一成不变，那么人生就不会有任何起色。谨慎行事确实能够让我们有安全感。但同时它也可能使我们失去了勇敢冒险、体验充实人生的机会。冒险是我们保持活力的一个重要因素。它能让我们感到生活的乐趣，也提醒着我们随时随地都可以做出改变。但如果我们没有敢于冒险的精神，风险就有可能变成恐怖可怕的代名词。我们的内心有着一种与生俱来的观念，就是认为只要向新的方向迈出了一步，我们就有可能迷路，甚至迷失了自我；或者是担心一旦开始改变，要失去的东西太多。如果我们任由自己沉湎于这种致命的观念，我们甚至可能会幻想出恐怖的画面。因为我们常常认为做出改变就会影响到日后的生存，而很少将它和蓬勃发展的未来联系在一起。

有些人过着充实精彩的人生，有些人则是默默忍受着内心的煎熬度日，两种境况的区别取决于当事者冒险频率的高低。我们要学会将风险视为生活中的合理组成部分，学会将风险视为探索世界过程中的一个环节。要看到在每一次把握住机会并取得进步之后自己吸取到的经验。如果你敢于冒险，敢于冲出安逸圈之外短暂停留，那么你就已经足够强大可以去创造自己的理想人生了。

掌握控制权，学会信任

当你选择了将人生视做一场逐渐展开的冒险，就意味着你接纳了这样一个事实：我们不可能对生活中的所有事情都完全自主掌控。这就要求做到信任。这种信任不仅仅是要求你相信并期待事情按照自己的预想发展，它是一种更深层次的信任。它是指不论发生什么情况，你都要坚持让生活变得更加美好。你的控制力要比你想象的更加强大。要记住，你的态度本身就决定了你将会度过怎样的人生。只要勇敢地坚定信念，就会为你的人生和你的世界带来积极的变化。当你认识到你就是自己幸福的主宰者，你就能够做出更多的选择。

你的控制力要比你想象的更加强大。

如果只许成功不许失败，怎么办

如果你知道自己是背水一战、不允许失败，你会惊讶地发现原来自己竟然有如此大的能量。你会爆发出自己未曾想象过的力量。你越是带着冒险精神看问题，在面对过去恐惧的事情时就越是应对自如。开始冒险之旅吧，冲到潜力的极限。

闪亮秘诀

先从日常必须处理的事情开始，然后再着手开展自己认为不可能的任务，你就会在霎那间发现自己已经在进行过去认定不可能的事情了。

闪亮回顾

当你发掘出了自己的冒险精神，就能够体验到努力让生活中的一切如愿以偿的那种感觉。虽然这个想法听起来有点不靠谱，有点过于浪漫主义了，但只要你充分自由地发挥想象力，就能够消除所有你原本会顾虑的障碍物，也会为你扫清追求真正理想的道路。重新塑造看问题的立场和角度，你的人生就会随之敞亮起来。让想象力引导着你，为你开启真正富有成就感的生活吧。

闪亮一周任务

开始思考你希望自己的人生在哪些方面可以更上一层楼。将思考得出的各个方面按由重到轻的顺序排列，并选出最迫切需要改变的一个或两个方面。想一想在这些方面要怎么做才能让自己更有冒险精神，并且要坚定地探索各种不同的可能性。谨记，如果你想象自己能够胜任，那么你就可以做到。

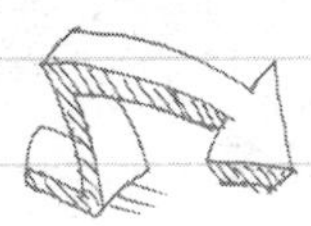

第三部分

确定目标

第6章 量身设定目标，让天赋散发光芒

充满自信地追求你的梦想，过你理想中的生活。

——亨利·戴维·梭罗

无论你选择的是怎样的旅程，当中都必然包含了一个目标。当你设定好了目标，才可以绘制出路线图，这样你才有可能在未来的某天达到这个目标。那么我们该从哪儿着手呢？在你设定好第一个目标之前，你必须：

- 要有雄心壮志。
- 知道自己喜欢做什么，擅长做什么。
- 相信直觉。
- 知道自己坚持的是什么。
- 对自己的选择有信心。

要有雄心壮志

我们都知道壮志凌云的感觉是怎样的。当你怀有雄心壮志时，看问题的角度都会更高一筹，许多看似不可能的问题都会变得更加可行。我们感到充满活力和动力去开发自己的潜能，追求梦想。不仅如此，当我们心怀理想时，就更容易发现通往理想的线索，更善于凭借着直觉前进。我们敢于做出影响深远的改变，是因为我们具备了更加坚定的信心。

我们每个人获得动力的来源都不一样，所以我们的挑战就是要找到每个人动力的源泉。问一问自己："我发自内心喜欢的、觉得吸引的、好奇的以及能够给我动力的是什么？"如果你已经知道什么事物能够让你为之振奋、精神大作，那么你下一步要考虑的就是如何将这种动力注入到日常生活中去。而如果你不清楚自己的精神支柱是什么，或是它已经变成其他事物了，那么让自己好好想一想它到底是什么。上一次让你脑海中闪现过美好的想象是什么时候？又或是上一次你心血来潮，执意要完成一件自己认为很应该做的事情是什么时候？如果你没有精神支柱，那么你可能是缺失了动力和精力的源泉。如果你能找到这个源泉，你会感到精神倍增，精力也瞬间高涨。你可以从这一步做起，即尝试联想那些可以点燃你热情的事物，以及让你感到充满活力的事情，然后将它们融入你的生活中。

闪亮行动

获得精神力量的各种途径：

1. 沉浸在美好的事物中——到大自然中去，或是逗留在景色优美的地方。

2. 做一些能够唤起内心平静的事情，例如瑜伽、打太极拳或是冥想。

3. 赤脚站在海边，眺望一望无际的海平线。

4. 沉浸在自己喜欢的事情中。

5. 在卧室或是办公桌上放上鲜花。

6. 聆听内心的声音。

7. 专注梦想。

8. 尝试先前从未做过的事情。

9. 假设已经到了生命中的最后一天，你会炽热地渴望做什么事情？

10. 告诉一些特别的人你爱他们。

列出五样能够为你带来精神力量的事物。

要让给你带来激情的每一样事情都能唤起你的兴

奋感，并且坚持将它们融入到日常生活中去。这个精神力量的清单必须不断补充。

能让我精神振奋的事情有：

1.

2.

3.

4.

5.

闪亮秘诀

将你的精神力量源泉融入到生活中去。精神力量不是某一种孤立的事物，它应该是一项每天进行的常规活动。

你的爱好是什么

做自己喜欢的事情，爱自己所做的事情，这个说法听起来似乎是奢望。但实际上，人是不可能在自己不喜欢的领域获得成功的。如果你不喜欢自己所做的事情，就不要做下去。相反，把目标锁定在自己擅长并且有天赋的事情上，你会一整天都特别快乐的。真正意义上的成功包括要在自己做的每一件事情中找寻到快乐和热情。如果你仅仅是每天例行公事地生活，就要敢于承认，并且下决心改变。问问自己：

- 我要怎么做才能成为最好的自己？
- 我该如何去填补现实和理想生活的差距？

如果你不喜欢自己所做的事情，就不要做下去。

你喜欢做什么事情

那么要怎样才能发现自己喜欢的事情是什么，自己擅长哪一方面，什么事情让你感到幸福并且能让你的生活快乐起来？不要看外在的因素，首先要看看自己内心，是什么让你快乐，让你充满活力。

写出十项能够为你带来快乐的事物，比如听提升情绪的音乐，和自己所爱的人相伴，娱乐，做按摩，看电影，蜷缩着看一本好书，和孩子们在一起，写日记，发挥创造力，帮助他人……

让我快乐的事情有：

1.

2.

3.

4.

5.

6.

7.

8.

9.

10.

有一点你可能还没有意识到，就是你所喜爱做的事情往往反映出你的才能和天赋。发掘出自己尚未开发的才赋很重要，因为这是你浑然不可分割的一部分。如果你做自己擅长、喜欢的事情，新的世界也将为你打开，你的人生将驶向新的方向。

发掘先天禀赋

在谈到我们与生俱来的禀赋时，很多人都过于自谦或是对自己产生质疑。但是假如我们无法认识到和展示出自己的技能和实力，我们就不可能做到最好。问问自己最擅长什么事情。如果你确实不知道自己擅长什么，想一想你孩童时期最喜欢做的事情是什么。那个时候让你最开心的、一直都想要做的是什么事情？你的老师曾经给过你怎样的鼓励和肯定？在朋友和家人的记忆里，你成长过程中最喜欢做的是什么？

收集尽可能多的线索。将这个过程看做是一次寻宝之旅，它会带你找到你真正的才能和天赋。

我成长中最喜欢做的事情：

1.

2.

3.

4.

5.

我最喜欢的原因：

1.

2.

3.

4.

5.

在这个列表后面继续补充，并享受这种发掘天赋的方式。

相信直觉

本能通过感官和直觉向你传递信息。这并不是逻辑上可以解释得通的。当你消除心中杂念，从左脑的理性直线思维切换为右脑的创造性思维，你就能接收到直觉发出的讯号。如果你相信直觉，跟随它的脚步，就能找到自己真正想要的东西。直觉告诉你的可能跟你认为自己应该做的不一致。如果你相信直觉时，会有以下表现：

- 你很清楚自己想要什么。
- 即使看起来你不像是在朝正确的方向前进，但你心里“就是明白”自己所选择的道路是没错的。
- 你的决定“感觉上”是正确的。

- 你能感受到自己是发自肺腑地高兴。
- 无论别人怎么看，你仍然为自己的决定感到惬意愉快。

如果你是一瞬间感到做某件事情让你特别振奋，无论这件事情看起来有多不现实，你都要留意它。可能你是想要为自己所爱的人画一幅肖像，或是想要加入海外志愿军到国外去工作。听从这些渴望的声音，因为它们很可能会将你引领向你满怀热情并热爱的地方。

纵观全局

如果你很渴望画一幅肖像画，并不意味着你就一定要去当一位画家，虽然这也有一定的可能性。至少你可以将绘画作为自己的兴趣保持下去。但是，要表达出你这种创意思维的方式，还可以有其他很多种方法，比如说甄选涂料色彩、家居改造的装潢工程。如果喜欢的话，甚至还可以考虑以室内装潢作为职业道路。不要限制了自己的选择，看问题时要纵观全局，横向思考。保持好奇心，找到真正能够激励你的东西。

不要限制了自己的选择。

每日练习

如果你找到了自己感兴趣的事情，那么很重要的一点就是你要开始将它融合到日常生活中去了。这样做会帮助你建立起对自己能力的信心，也将增强你充分发挥潜能的渴望。比如说，如果你希望自己能够撰写一本小说，就要每天留出一定的时间坚持写札记——可以留出晚上睡觉前的时间，也可以是一早刚起来的时间。

闪亮案例

做自己喜欢的事情

安娜天生就是当知心姐姐的人选。在她十多岁的时候，她的朋友就带着各种困扰前来向她咨询求助，而她总能够凭借着自己在这方面的天赋为朋友们提供支持和帮助，使她们振作起来，重拾勇气。安娜从来没有想过如何将她在这方面的天资禀赋应用到工作当中去，同时因为她对数字特别敏感，所以接受训练成为了一名会计师。几年之后，安娜开始觉得工作单调乏味，除了得以维持生计之外，毫无意义。安娜接受了人生指导后，罗列出了自己喜欢做的事情，并且很明显地发现她对帮助他人充满了热情。在一次头脑风暴的训练之后，她发现了如何利用好自己的天赋，她为自己定下目标要成为一名咨询师，并报名参加了业余咨询课程，为今后的工作做准备。

两年后，安娜递交了辞呈，开始了全职咨询师的职业生涯。她找到了真正属于自己的工作作为自己的职业。

你为了什么而坚持不懈

如果你感到自己必须得做出一些改变了，那么你必须要有一个目标。但在你问自己目标是什么之前，你要先弄清楚一个深层次的问题，就是什么事情能够让你为之坚持不懈地付出，这个问题非常重要。目标是显性的，而这种坚持如一的承诺是内心盼望实现目标的渴望。举个例子，如果你坚持奋斗要成为一名成功的摄影师，你的目标可能是要将自己的摄影作品展出在一家知名的艺术博物馆中。知道了自己坚持的理由，就能够帮助你定下目标。

目标的重要性

在你描绘目标的同时，你其实也就是在声明自己想要完成某件重要事情的意向。目标能够帮助我们集中精力，全力前进。你所设定的目标必须要有很大的感召力，才能够吸引你去追求它。在追求目标的过程中，你一路上所面对的挑战将使你力量更强大，地位更加高。每一次应对挑战都将让你变得更加自信和独立。不论你的目标是大是小，这个过程都是一样的。首先你必须知道自己希望今后会是怎样。要弄明白自己的意向，就要问问自己："我的终极目标是什么？要达到这个目标，我的每一步该怎么走？”

目标能够帮助我们集中精力，全力前进。

实现目标靠行动

“目标”这个词听起来就像是个大制作，很容易让人联想到新年宣言——你的初衷是好的，但最后又难免不了了之。目标需要计划来实现，最佳的行动计划就是将目标切分成几个可行的步骤，这样才能让你有信心去实现它。你要做的不是仰望这座山峰有多高不可攀，而是把第一步的目标锁定在到达山脚或是半山的大本营。这样一来，你的最终目标仍然是登上山顶，但感觉上目标的可行性却高了许多。

举例而言，你的最终目标是寻找新的职业，你也许就可以将它分割成以下几个行动步骤：

---

1. 重新评价自己的能力和才赋，以及自己感兴趣的事情。

2. 找一位专业人士或好友，告诉他/她你的愿景。

3. 考虑接受再培训，扩大选择的范围。

相信自己

即使你已经有了意向，并选择好了目标为此奋进，也未必一定清楚该如何去实现这个目标。因此在你决定迈出第一步之前，必须对所有可能帮助你实现目标的方法保持开放态度，哪怕你不确定这些方法是否一定奏效。如果你愿意按这个办法去做，那么你就可以全神贯注地去思考你所想要达到的结果，而不必陷在如何实现目标的泥潭里无法自拔。在你不断向目标接近的过程中，你会逐渐建立起自信心，相信自己有能力从现在的状态成功驶向理想的彼岸。

脚踏实地向理想的目标迈进，遇到机遇和困难时要保持开放的心态。

保持积极心态

制订计划时要抱有积极的预期。你越是有动力，目标就越能够定得高远。如果你发现了自己已经走在正确的道路上了，你就会很有自信，相信目标是切合实际并且可以达到的，而这种自信心又会推动你不断前行。但是，如果计划制订得死板僵化，那么可能会适得其反。计划赶不上变化，我们在不断重新评估目标时有可能会产生计划外的变更，因此做计划时要留出一定空间。你可以换一条路走，但要清楚自己前进的方向是正确的。

如果计划制订得死板僵化，可能会适得其反。

让目标变成现实

如果你定好了目标，就必须以现在时态将它宣布出来，就好像这些目标已经实现了一样。比如说“我有一份理想的工作”，而不是“我希望能有一份理想的工作”，也不是“有朝一日我会拥有一份理想的工作”。这种说法也许刚开始听起来很奇怪，但是只有以现在时这种积极的时态来表达目标才能让你的潜意识发挥出最佳效果。此外，定下实现目标的时间也同样会让这个目标发挥更强大的作用。一次旅行终究要有始有终，当然也要有到达目的地的时间。如何设定时间是很灵活的，但给自己一个时间表会对你实现目标起到至关重要的作用。

成功的第一必备要素就是要清楚自己想要什么，

并且相信自己能够做到。

明确目标

选择目标时你要遵照 SMART 原则——S（具体），M（量化），A（以行动为主导，你要怎么做），R（现实性），T（时间限制）。笼统不清的目标，如“要成功”，毫无益处。你必须知道你需要怎么做才能取得成功。举个例子，如果变得更加成功意味着更换职业，那么你就必须问自己：

S（具体）——我具体要怎么做才能更换职业呢？

M（量化）——如何衡量我的进步呢？

A（行动主导）——要采取怎样的行动才能找到最适合我的工作呢？

R（现实性）——我怎样才能知道目标是否在我的能力范围内？

T（时间限制）——要多久我才能达到这个目标？

阐明目标

再重新回顾一下人生饼图中的各个方面，选择出你希望为之设定目标的一个或几个方面。记住你选择目标的标准是它能让你充满动力和能量去期待着实现它。如果考虑到某个目标时，兴奋中掺杂着些许惶恐，千万不要就此作罢。这只能说明你觉得脱离安逸圈太有挑战性了。

闪亮秘诀

记住写下目标时，时态要用现在时。例如：

目标——我有一份让我快乐并富有成就感的工作，我很珍惜这份工作，并且在工作中获得上司和同事的尊重。

当你在脑海中勾画出一份能够让你获得成就感并与你的能力才华相匹配的工作时，这个目标肯定有着明确的目的地。那么你将在何时成功达到这个目标——两个月、六个月或是更久以后？要记得把目标的获取制订成一系列的步骤，这样你就可以衡量自己所取得的进步，看看你是如何朝着这个方向迈进的。衡量进度也能够帮助你再次确保自己没有偏离方向，一直是向着目标前进的。此外，要给自己的行动定下一个时间表。你什么开始做调查？什么时候递交辞呈？给行动的每一步都设置好截止日期就能够帮助你专注行事。

Goal 1：	Target date：
Goal 2：	Target date：
Goal 3：	Target date：
Goal 1 action steps：	
1.	
2.	
3.	

续表

Goal 2 action steps：	
1.	
2.	
3.	
Goal 3 action steps：	
1.	
2.	
3.	

当你成功完成了每一个目标之后会带来怎样实质性的结果呢？你要将如何界定每一步已经完成的方法写下来。那么当你实现了目标之后人生又会有什么不同呢？你会有怎样的感受呢？你可以让自己身临其境去体验。你越是清楚你所选择的是自己想要的生活，就越有动力去实现它。在迈向目标的过程中要看到自己所取得的进步，告诉自己你已经做得有多好了。要兼具创造性和灵活性。如果你感到自己需要一些新点子或是新的解决方法，不妨和支持你完成这个目标的人们坐在一起来一场头脑风暴。这样做可以帮助你酝酿新的出路，发掘更多资源，带领你达成理想。

良好的心态

你要时刻谨记，你的人生是一场丰富多彩、精彩快乐的旅行。提醒自己在达到目标过程中的所有得益和收获，这种提醒能够让你保持良好的心态。设想一下你享受这一切成果时的感受。保持乐观，期待奇迹，见证愿望成真的一刻。培养起积极预期的良好心态，它将成为你源源不断的动力。同时，要为自己对新生活的坚持不懈鼓掌，每天都这样为自己庆贺。

从容不迫

我们常常只在乎目的地，而忘记了体验旅途本身的乐趣。有时我们失去了耐性，有时甚至希望实现目标的时间比当初预期得更快一些。但其实如果你愿意以另一种角度去看的话，你所走的每一步对将来都是无比宝贵的经历。所有最后成功抵达终点的人都是先走出第一步，然后再迈出第二步、第三步……直到终点。要相信你所走的每一步都使自己向成功又靠近了一些，同时还要无条件地相信自己完全有能力实现理想。

开发新优势

刚定下目标的时候，我们的动力往往是非常强劲的。我们一想到自己能够开辟人生的新天地，便会冲劲十足。有些目标和梦想相对而言是比较容易实现的，而另一些则更像是一场马拉松，需要巨大的努力和强大的自信心。自信心恰恰是我们很多人所缺乏的，而且我们很容易将自己没有信心做出改变错误地理解为是还没有准备好的表现。但其实缺乏信心的原因更多是害怕要进入未知世界去闯荡。但如果你不着手去做，是永远无法对自己的能力树立起信心的。记住，困难和调整会帮你建立自信，开发心理资源，发掘出你先前一无所知的潜在优势。

以下情况会为你建立起信心：

- 付诸行动。
- 设定的目标难度刚好可以达到。
- 永远期待最好的结果。
- 学习新知识。
- 离开安逸圈，让生活更开阔。
- 庆祝自己完成的每一步。
- 相信梦想终会成真。
- 和相信你的人在一起。
- 不要放弃自己。
- 做自己喜欢的事情。

当然生命中一切都一帆风顺的时光也很重要，否则我们一生都会在永无止尽的挑战中度过了。然而，在你克服困难追求目标的过程中，你会真正发现自己能够胜任什么样的任务。目标能够让你坚持去做有价值的事情，有必要的话，甚至为目标而奋战。这个过程将增加你对信念的勇气，使你有所追求，不断攀上人生的新高度。你的自尊心不断强大，对目标的坚持也会在经受了种种考验后愈加坚定。如果你发现自己更自信、更加灵活机敏、善于应对途中遇到的困难，那就证明你已经掌握了属于自己的力量。要不断构想目标，集中精力走好下一步。你的目标便会朝着梦想的方向推进。

你的目标便会朝着梦想的方向推进。

推自己一把

无论朝哪个新方向迈进，挑战都是固有存在的。有些挑战可能在一开始就出现，有些则埋伏在最后。相信目标并且相信自己有能力战胜任何可能出现的困难会不断让你取得新的成绩，一直向着目标的方向航行。锁定目标有助于让你集中精力思考自己想要打造出怎样的理想生活。没有目标，就不会有成就。设定目标时，要重新界定你认为什么事情是有可能发生的，这一步意义重大。设定的目标必须要在你的能力范围之内，但同时最好是要推自己一把才能够企及的高度。倘若你愿意冒险去相信人生中有可能性的事情其实比自己认定的还要多很多，你就能为自己开启更广阔的选择。当你为将来而感到兴奋雀跃时，就证明你已经设定好努力的目标了。

改善生活的选择

我们每时每刻都在做选择。有的是改变人生的重大决策，有的则是日常琐碎的小选择。这些选择都会对你的生活质量以及能否成功实现目标产生直接影响。

那么你怎么才能知道自己的选择是否对目标起到了支持推动的作用呢？做选择必须基于以下几点考虑：你是谁，什么事情能够为你带来快乐，你需要什么条件才能过得身心健康、神清气爽。这些选择必须要能够体现出你的价值观，反映完善自我的要素。要检查所做的选择是否让自己变得更加幸福快乐、更有成就感、更接近目标，问问自己：

- 做出这个选择之后我对自己有怎样的感觉？
- 这个选择让我的生活有了多大改善？

如果你对自己的选择有信心，那么目标就会极具吸引力，让人难以抗拒，你便会不断向它迈进。而你走的每一步也都将成为值得庆祝的成绩。每一次这样的成绩累积起来，令你对自己选择这条路更加有信心。在达到目标之前你完全不需要停滞等待。即使是最微小的进步也足以证明你的选择是明智的，也值得你为自己鼓掌。

闪亮秘诀

当你为自己所取得的进步鼓掌欢呼时，就证明你已经认识到自己的选择是正确的。

当以下情况出现时，你便可以断定自己的选择是正确的：

- 每次想到目标会实现都兴奋不已。
- 在快乐中醒来。
- 你发现自己生活中的各方面步调都非常和谐。你所读到的文章、看到的电视节目、听到的电台节目、身边的人和你说的话都证实了你的选择是正确的。这样的信号无处不在而且它们都指引你朝同一个方向前进。
- 你的力量变得强大，决心也更加坚定。
- 你迫不及待一心要启程，下定决心成为最好的自己。
- 你觉得自己进入了最佳状态。

闪亮秘诀

享受人生也是一种选择。

你的后援队

树立信心还有一个途径，就是向自己景仰或尊重的人寻求支持。他们给予你的能量和鼓励是你前进的助推力。跟那些你知道一定会支持你的人分享你的希望和梦想，这样做不仅能为理想注入力量，也会让它们更具真实性。任何时候你感到有需要了，都可以让这些支持你的人站在你面前告诉你："你能行的"，"你很了不起的"，"你肯定可以达到目标的"。不要低估了获得正确支持的力量。当你超越了其他人，把他们甩在后头时，你的决心和力量便由此孕育。有一群相信你的人在背后支持你是非常关键的后援力量，这股力量能够帮助你坚持相信所做的选择是正确的，他们也会在你信心低谷时为你打气。可能你不知道自己身边有谁是你成功路上的贵人，但你应该不会不认识身边已经获得成功的人吧。你会非常惊讶地发现这些人都是那么乐意支持你，以及分享他们的知识和经验。换位思考一下，如果别人来向你寻求支持，你不知道会有多高兴多受宠若惊呢。

列出能够帮助你向目标努力的人，包括你的朋友、有可能成为你良师的人、家庭成员、同事或是权威人物等各种支持你的人。举个例子：

● 我希望开始一段新的感情，我在考虑是否加入网上相亲。您是否知道哪些相亲网站比较不错呢？

● 我正在考虑放弃现在的工作，寻求进入一个新的行业。您可以帮我参谋一下有什么好的建议吗？

闪亮案例

米哈埃拉一直住在大都市里，从事着一份报酬丰厚的工作，但这份工作让她没有什么成就感。闲暇时间里，她便缝制一些精美的被单卖给身边的几位朋友。她最大的梦想就是搬到爱尔兰，全职缝制被单，但她周围没有认识的人是做这一行或是类似行业的，况且她在爱尔兰那边也没有熟人。米哈埃拉将她这个愿望告诉了她的后援队，其中一个人就介绍她认识了自己朋友的朋友，名叫克莱尔，克莱尔在爱尔兰南部从事纺织品生意。米哈埃拉鼓起勇气联系了克莱尔，几个月后她们就见面了。米哈埃拉非常喜欢克莱尔居住的小村庄，因为那里到处都是艺术家和工匠，这样的环境和氛围正是她所向往的。克莱尔将米哈埃拉引荐给村庄里的几位重要人物，不到一年米哈埃拉便移居爱尔兰，在那里开始了自己的被单缝制家庭作坊，她的事业一帆风顺。

闪亮回顾

当你发掘出自己真正的才能，你的自信心就会随之增强，也会更有动力定下目标让自己做到最好。帮助你实现目标的策略有很多种。其中，将目标量化并为其设置完成期限这两种策略能够让你在达成愿望的过程中明确方向、集中精力，也能够确保你始终不偏离初衷。

闪亮一周任务

选择一种动力源泉，并让它在日常生活中发挥出更大作用。留意观察这样做在你追求既定目标的过程中会怎样提升你的士气，为你注入活力。

第7章 分岔路口，怎样找准方向

我们一刻未能解放思想，就一刻都无法放飞梦想。

——南希·克兰

选择的力量

我们每一天都在做决定，这些决定或赋予我们力量，或增强我们能力和自信，又或是将你消磨殆尽。从决定要思考些什么问题，到选择如何跟自己以及他人沟通，人的生活中充满了通往不同方向的无数选择。就我们的日常选择而言，无论它们看似多微不足道，都影响着我们的生活质量和人生经历。这些选择要么让我们走向更加平衡和谐，要么让我们生活失调。如果我们做出的选择是明智的，我们便会尊重自己，以自己为骄傲。其实自我尊重是真正依照自己愿望诉求打造幸福美满生活的最根本因素。

那么如何判定你所做的选择是否尊重了自己呢？所有尊重自我的抉择都会让我们对自己获得满足感，获得力量；它给人以真实感、平衡感，令人心情舒畅。当你做出了正确的选择，你会不由自主地为自己的选择感到高兴、激动、迫不及待、振奋昂扬、精力充沛、豁然开朗。

自我摧毁

在内心深处我们其实一直都清楚生活中什么才是最适合自己的，从发展怎样的感情关系到吃什么样的食物。然而，我们却常常很难做出适合自己的选择。我们可能会继续跟那些让我们心力交瘁的人耗在一起，可能继续坚持吃快餐而不选择营养健康的饭菜。究竟为什么我们会跟自己内心更明智的选择对着干，很多时候我们也不得而知。但我们这样做，内心深处肯定始终有着那么一股力量是不希望我们做出积极有利的选择的。而每次这股力量作祟，就必然导致我们自我摧残。

自我摧残是无意识行为，这就是为什么我们很难发现自己有这种表现。从理性层面上看，我们可能知道怎么做是最好的，但当我们被心里的破坏势力所操控时，就无法按照最恰当的方法去做了。即使我们有意做出了决定要改变自己、有所进步，我们仍然有可能在打退堂鼓，怀疑和质问自己到底这是不是最适合我们的选择。这种瞬间的迟疑很可能是由一直在脑海萦绕回荡的评论声引起的，它威胁着要粉碎或是破坏我们的渴望与诉求。

自我摧残是无意识行为。

直面内在破坏力

让我们深陷生活泥沼的原因之一就是我们在做选择时总是看到存在的问题，而看不到其实还有很多可能性，于是生活便无法如实反映出我们的愿望和真性情。大多数时候，我们所面临的最大障碍就是在做出明智抉择时要对抗和挑战心里那股畏惧改变、固步自封并企图维持现状的力量。这股力量往往就是我们自我摧残的根源，也是造成我们犹豫不决、质疑和诟病自己的罪魁祸首。我们内心的这股破坏力害怕我们一旦成长起来，敢于承担风险，做出有利选择会带来完全不同的局面，它也害怕我们完全释放出潜力，它是在我们成长过程中所吸取到的该做什么、不该做什么、必须做什么、应当做什么当中累积形成的。

你年轻或年幼时所接收到的都是些怎样的信息

花些时间想一想你是在怎样的环境里被带大的，大人是怎么教育你的。他们是否鼓励过你尝试新鲜事物，不要害怕失败？你是否得到过称赞和支持？大人们是否告诉过你想做什么都尽管去试试，不必在意别人怎么想？还是说你从小就被大人们警告说要小心，不要伤到别人或是自己？这些在我们成长过程中接收到的信息会产生持久的效果。如果是负面信息，我们就要想办法消除它们，这样我们才能有勇气坚持自己的信念，有信心做出最明智的选择。

闪亮秘诀

当我们为自己的选择感到欢呼雀跃、精力充沛、热情投入并且迫不及待的时候，我们就能够断定这个选择是正确的。

外界影响

我们很多人所扮演的都不是真正的自己，而是外界认为我们应该是什么样的。我们也许真的相信决定应该由自己来做，但现实中我们却附和着他人的期望。如果你很容易受别人的意见左右，或是一直处在内在破坏力的压制之下，那么对你而言有信心为自己做决定可能是一个挑战。内在破坏力会动摇你的决心，让你茫然不知所措，内心纠结挣扎。有时候我们会意识到我们是和自己的愿望背道而驰的，但无论我们是否意识到，我们都已然将力量的权杖拱手相让给了别人，于是驱动我们的力量就变成了害怕被否定、孤单一人甚至是害怕被遗弃，我们会觉得这些恐惧感是对我们的“安逸圈”构成了直接威胁。

你的选择要与价值观保持一致

内在破坏力这股力量使我们即使在生活处于不幸时，仍然不愿意打破僵局。当这种力量占上风时，我们必然会无视自己的价值观，而一旦如此，我们的选择就无法反映出真实的自我。遵循自己价值观的选择才能确保为我们带来真正的成就感。如果你的选择和你所表述的价值观、道德观一致，你自然就会信任自己、建立起自尊心，并由此培养起自信、自立以及自我鼓励的品质。同时，选择的真实性也会为你带来成功的果实。每次当你面对选择时，都要提醒自己你在第 4 章中列出的价值观是什么，并检查自己是否遵循了这些价值观。

内在破坏力使我们仍然不愿意打破僵局。

你的选择是什么

我们经常不确定自己是否有能力去改变生活。我们也许能够想象出理想的人生是怎样的，但却不一定总能想明白我们完全可以期待它成为现实的。于是，我们便降低了期望值，以保护自己不要失望。比如，我们可能会说服，自己想要找一份既能发挥自己全部技能又高薪的理想职业是奢望，所以不该有这样的期望。因此，即使我们工作得不快乐，也依然会选择留守在这个并不那么满意的职业里。生活得不幸福时，我们很少想到这是由于我们选择不当所造成的。但从某种程度上来说，是我们自己选择要“既来之，则安之”，尽管这是潜意识中的选择。有意识地要选择改变和改善生活会给我们带来力量和动力，让我们获得最大的满足感。

闪亮行动

锁定人生中的某一个你想要改变的方面，例如职业、感情或是健康，问自己以下问题。如有需要，你可以再回顾一下人生饼图，以帮助你决定选取哪个方面。

- 为什么你会选择这个方面？
- 你对自己的现状满意吗？
- 你是否已经得到了自己真正想要的？
- 你还有别的想要实现的吗？
- 在这个方面你喜欢的是什么，不喜欢的是什么？
- 你理想中的状态是怎样的？

获得更大的满足感不一定是指更换工作或是寻找伴侣——它是指改变心态或是行为模式，这样人生才会更有意义、更加幸福。

权衡利弊

做出积极选择对于我们的心理健康机制非常关键。你一生中所做出的决定会塑造出你的人生得失。每一个决定都有潜在的正负两面，而选择了一条路就意味着你要放弃另一条路。如果其中一个选项的正面效应非常清晰，显而易见，那么做决定就会容易许多。如果两个选择不相上下，那么选择起来就更具有挑战性。在这种情况下，可以分别列出两种选择利弊，对比权衡它们的益处和风险，这将帮助你更明晰地判定出哪个选择更适合你。

负面效应：	正面效应：
1.	1.
2.	2.
3.	3.
4.	4.
5.	5.

我们不敢做出选择常常是因为：

- 我们觉得很难迈出第一步。
- 我们觉得坚持到底很有挑战性。
- 我们不希望放弃任何东西。
- 我们期待着由别人或是上天来替我们决定。
- 我们认定正确的选择只有一个，害怕自己选错了。
- 我们觉得开始和结束都很困难。
- 我们不想让自己独立做决定。
- 我们不想对自己负责。

如果你仍然感到迟疑，不妨回顾一下可能导致自己拖延的原因。问一问自己的直觉，看看它是怎样回答你的。有时候迟迟不行动是有正当理由的，这种情况下我们必须等到时机对了再做决定。但如果没有恰当的理由来解释为何原地打转、犹豫不决，就要弄清楚内在破坏力是否在作威作福。要下定决心不让恐惧感阻止自己做出最明智的选择。

闪亮行动

你希望自己的选择带来怎样的结果是最理想的，把它写下来，例如：我希望找到一份既能发挥自己所有技能又高薪的工作。

1. 你所希望达到的理想结果对你的吸引力有多大？请给它打分，最低为1分，最高为10分。

2. 达到理想的结果对于你自己而言意味着什么？

3. 罗列出所有可能的选择。

4. 找出与你理想结果最相匹配的选择，并把它写出来。留意自己对这个选择有何感受。你是否感到兴奋不已、热情高涨、活力充沛？这些感觉是否足以覆盖你心中可能存在的忧虑与不安？

5. 想一想你做出的这个选择是否可能潜藏着什么负面影响。比较一下这个选择会带来的各种后果，判断它是相对积极的选择还是消极的选择？

6. 如果这是一个积极、励志并且具有吸引力的选择，你会采取怎样的行动去实现它呢？

为自己而选择

有些人觉得做选择是比较容易的事情，有些人则觉得相对困难。如果选择不是你的强项，我们可以采用一些策略邀请他人帮我们参谋应该如何决定，例如按兵不动等待别人来为自己做决策。还有一种策略，就是在心中已经有答案后再去征询别人的意见，或是通过其他方式来确定自己的选择没有错。当你清楚了选择的这些特点，就要由自己本人弄明白你真正想要的是什么，只有在自己确实不知道答案的情况下才能征求他人的意见。有时候让别人替自己拍板确实有帮助，但除非你迫于无奈，否则最好还是保留决策权，自己做主至少能让你对自己所选的路有十足的信心和把握。

要由你本人来弄明白你真正想要的是什么。

扩大选择范围

你是否有过这样的经历，就是当你发现一段感情或是友谊已经不再适合你了，却依然将就着过下去？待在自己已经了解的世界里能让人获得安全感。但我们心中还会有一个与得到安全感同样强烈的欲望，就是希望扩大自己的视野。你发掘到的出路越多，就越能明辨什么才是自己喜欢的、适合自己的，才更深刻地发现自我。

开发创造性方法

要想让自己更加善于找到解决问题的不同方法，就要培养创造性思维。我们的右脑主管创造性和灵活性思维。研究表明如果我们的右脑能够得到更频繁的运用和更全面的开发，我们在面对问题时就能够想出各种各样创造性的解决方法。而我们的左脑主管理性思维和分析性思维，它能够对情况做出评判并经过深思熟虑找到妥善解决方法。要找到最优方法必须要左右半脑同时启动。

可能你会觉得自己没什么创造力，这是一种自我设限的想法，其实现实生活中所有人都是一样的，并没有太大差异。我们可以运用与生俱来的创造力培养出更加开放的观念，改变看待选择的心态。简单来说，创造性也可以指打破墨守成规的老套模式，这一点我们在第 3 章中已做过阐述。下方列举了增进创造力的其他方法。这些理念要尽可能地贯穿到日常生活中去。

如果你决定了要以创造性的方式来寻找问题的解决方案，你会发现连过去从未想过的可能性都会一并被发掘出来。

以下是激发创造力的几种方法：

- 顽皮一些，发掘自己的童心。
- 读一本自己平常不感兴趣的主题的书。
- 找不同类型的音乐来听。
- 改变日常生活的习惯，尝试新的食物，买一份不同报社的报纸，试穿各种不同风格的衣服。

每个星期花 10 分钟的时间，想一想可以尝试的新点子有哪些，并留意尝试后的结果。保持孩子气，坚持尝试体验新事物。

目的明确

如果你有明确的目的，非常清晰地知道自己想要什么，并写将它写成“心愿声明书”表达出来，那么你做出正确选择的概率会大大增加。不要忘了这些心愿声明书若是以现在时的时态来撰写会具有更强大的感召力。举例而言，如果你非常渴望永远拥有健美的身材和充沛的精力，你的心愿声明书可以这样写：“我希望拥有强健的体魄，充满活力、精神饱满。”

要达到这个目标，你将有很多种方法可以选择，例如改变饮食习惯、多做运动、练习瑜伽或是进行冥想等。选择一种能强化心愿声明书作用的实践方法，这样心愿声明书就会成为一个切实可行的目标了。

闪亮行动

想一想在生活中你想要做出怎样的选择，并依此写出你的愿望声明，时态要用现在时。不必拘泥于只写一个愿望，尽可能地把对你有激励作用的愿望都写下来。

1.

2.

3.

4.

5.

要记住，在表述愿望时，要保持积极的心态。要让自己相信：只要你愿意为自己而努力，愿意开发自身的才赋，任何事情都会有可能发生的。针对每一个你所陈述的愿望，都好好想清楚可以让它得以实现的各种方法。

选择最适合的途径

每种解决问题的方法都必然有正、负两面的影响。

当你考虑各种不同方法的时候，哪一种让你感到安全，哪一种让你觉得可怕，哪一种困难，哪一种危险，哪一种令人兴奋？每一种解决方法分别会给你的目标和愿望造成怎样的影响？考虑这些方法时，你会权衡哪些因素？

做决定时，你必须选择最适合你当下情况的那种方法。与此同时，还应当以内心的直觉来检测一下哪一条路是最适合你的，然后你可以问自己以下问题：

- 选择哪一条出路对我而言最具吸引力？
- 即使现在面对恐惧和迟疑，我是否还能够看到自己有希望实现目标？
- 如果我有抵触情绪，那么我在抵触什么？
- 我是否因为内心的恐惧，或是对自己以及自己的能力存有疑虑而屏蔽了某个可以选择的出路？
- 我的抵触情绪是出于直觉还是内在破坏力在作祟？
- 我所做出的选择对于我生活的各个方面将有可能产生怎样的后果和影响？
- 我的选择是否和我的价值观和谐一致？

给自己充裕的时间考虑以上每个问题，并记录下你的答案。在继续进行选择之前，想想看还有什么问题需要思考清楚。

会产生怎样的后果

有时候，在做选择时我们会发现这个选择将给生活的其他方面带来我们所不希望产生的后果。如果觉得这种情况在所难免，那么就要提醒自己你的核心价值观是什么，什么对你来说才是最重要的，以此来定夺最后的决策。你要非常清楚地告诉自己你将要做出的选择会产生怎样的后果和影响，不可自欺欺人，这一点非常关键。清楚地了解自己正在做什么以及要选择这样做的原因，将有助于你在日后采取行动时保持注意力和恒心，发挥出最理想效果。

寻求支持

一旦你知道了自己的最佳选择是什么，你可能就会决定去寻求一些支持以帮助自己最终拍板。其中一个有效的方法就是与人沟通，这个人必须是你信任的，并且愿意倾听你的计划、最能够为你的利益着想的人。在考虑跟谁沟通时，问一问自己他们如何能够帮助你前进。将自己的选择与合适的人分享能够使你的决策更加明晰，并鼓励你为之奋进。

除此之外，你可能会觉得还需要收集更多的信息才能做出明智的决定。比如，你所掌握的知识和信息还不足以让你想明白自己究竟有多少种不同的选择可以挑选。那么你要怎么做才能把这个知识的空缺补完整呢？你是否需要上网检索，还是翻阅书籍，抑或加入支持性团队？

抓大放小

如果我们深陷进退维谷的僵局并且毫无选择，必定会感到孤立无援，无能为力。没有人会希望仅仅为了混口饭吃就把自己困身于无所作为的工作上，或是仅仅因为害怕分手就继续在毫无幸福可言的感情中煎熬。倘若有选择，我们大部分人都会希望选择能让自己过得更好的那条路。然而，要做出这些选择并不容易。我们往往很难看见一旦放弃了自认为长期依赖的安全感会有可能带来怎样的益处。有时候我们可能会发现必须要牺牲一些自己想要的东西才能收获更大的愿望。如果是这种情况，我们就必须做好心理准备放弃某些事物，以达成更有意义的心愿。“牺牲”（sacrifice）一词在英文当中的词根是“sacred”，即“神圣的”意思。从这个角度来看，我们不妨将自己的选择视为捍卫自己的“神圣”之物。

相信自己的感觉

要相信你是有能力做出恰当的选择，推动自己继续前行的。某些时候，为了解决面临的问题，我们可能会感受到心中有一股非常强烈的愿望驱使着自己做出重大改变，而这种彻底的改变有时正是解决问题的出路。而有些时候，往往比较细微的改变反而是最有影响力、最为见效的。要说选哪种方法才最合适，这就只有你本人才清楚了。当我们斟酌每个可供选择的解决方案时，我们是运用意识层面的思维来计划采取怎样的策略、谋划解决方法的。但是同样重要的还有一点，就是要考虑到面对不同选择时，这些选择分别让你产生了怎样的感受。我们的感觉是十分犀利的风向标，它可以帮助我们辨别孰轻孰重，因此我们在取舍时一定要将自己的感受纳入考虑范围。当你面临选择，一定要问自己当下的情况在你脑海中反映出了怎样的意向，你的想法中又掺杂了怎样的情绪。你的各种感官反应都会为你提供关于潜意识层面更准确的线索，也会提示你采取何种行动最为合适。

我们常常倾向于理性思考，而无视自己的感受。学习相信自己的感觉既需要时间的沉淀，也需要我们的努力。可以从最简单的任务做起，就是留意自己的感受，然后逐渐从自己的感受出发寻找问题的答案，由此建立起感性与解决方法之间的联系，也就是说不仅要从理性方面推断，还要从自身寻找线索。我们的身体会以各种方式与我们沟通，向我们发出信号，可惜我们常常忽略了这些信号，造成了对自己不利的形势。比如，可能你总感觉心神不宁——这是一种本能反应——因为你不信任某个人，或是你现在受聘的工作并不真正适合你。要留意自己的感受，如果你刚刚开始一段感情经历或是正面对新的挑战，有忧虑或不安情绪都是自然的，但这种情绪也可能是警戒讯号，提醒你要发掘得更加深入，以及对自己这样选择的理由有足够的信心。

学习相信自己的感觉既需要时间的沉淀，也需要我们的努力。

闪亮案例

索尼亚觉得自己没有任何选择的余地，所以决心接受人生指导。她有过两段婚姻并且都以失败告终，两次婚姻之间她还有过另一段短暂的恋情。她告诉我，她的现任男友是她寻觅多年才遇到的理想对象，这位男友已经向她求婚。尽管索尼亚心里爱着他，但却不太愿意再婚了。她之所以犹豫不决是因为担心如果自己没有答应和男友结婚组建家庭，这段关系便会由此告吹。在接受人生指导的过程中，索尼亚明白了和现任男友确定婚姻关系并不是最好的选择，她知道即使明知道分手会让自己非常难过，但这仍是正确的决定。独立生活以及有自己的时间对她而言是更有吸引力的选择。

为自己而思考

一旦你有信心相信自己、信任自己，你就会明白自己的价值观是什么、自己最看重的是什么，你就会占据更有利的位置做出最佳选择。做自己的主人意味着是你，并且也仅有你才能决定别人的意见是否有用；也意味着对于他人的观点你不再需要全盘接受，也不必再让别人的意见左右了自己的意向。做自己的主人意味着你已经足够强大，可以自己做决定，即使可能犯错也一样能够坚持自己的决定走下去。毕竟，这些因为坚持已见而犯下的错误是促使我们成长的最有效的养分。但自主思考的意思不是让你对别人的话充耳不闻，而是听取他人的观点时能够自主判断，对这些说法敢于提问和质疑。通过这种方法你将比较容易做到由自己判断什么才是真正适合自己的。

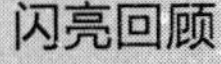

闪亮回顾

如果我们学会了信任自己，相信自己有能力做出最佳选择，动力便随之而来。只要遵循自己的想法，我们便能做出明智的选择，这会为我们的生活营造一个积极的氛围。自主选择不但本身具有正确性，而且能够帮助我们树立起自信，在生活中前行。

闪亮一周任务

留意一下自己每天要做出多少选择，真正有意识地关注自己所做的选择。坚持时时刻刻都努力做出最佳选择，并观察它所带来的结果。

第8章 大胆构想，未来会如你所愿般闪亮

人生的每一刻都是如此创意无限，我们的世界斑斓多姿，变化万千。只要你有明确的方向，心中所有梦想必然纷至沓来，呈现眼前。

——莎克蒂·高文

你是否相信你的未来早已有定数，一切冥冥中早已注定？还是说你认为事在人为，全凭个人努力？无论你是否相信自己具有塑造未来的能力，有一个不争的事实，那就是关于如何打造未来，你可以选择的道路和方法远比你想象的要多。这是一项艰巨的任务，但同时也是无比的精彩刺激。那么你到底打算如何设计规划自己的未来？怎样才能达到目标、实现梦想和愿望？

人的渴望是一种强大的力量，它能为你打造出美妙的生活。当渴望得以实现时，通常有几个标志：

- 珍惜和享受自己当下已经拥有的生活。
- 全力以赴让自己做到最好。
- 为自己的幸福负责。

渴望是实现每一次人生改变的催化剂，而你的信念决定了这个渴望能否转化为现实。你是否有能力实现自己所企盼的改变取决于你的信念有多强大，你对信念有多大热情，以及你是否专注，同时，还取决于你是否能够设想和创造出未来的愿景。

积极的设想

如果你能够设想并勾勒出自己真正渴望的事情，那么你的愿望就会变得真切。当你在脑海中进行绘制和勾画时，过去空洞的愿望就会变得真实可行。人的积极的思维意象能够对人生经历的质量、思维方式、自我感觉以及目标实现的结果都一一产生直接影响。

有很多种方法可以让你有意识地展现目标。其中一个方法是一个叫做积极设想的过程。所谓设想，就是在脑海中投影出自己希望发生的情景。积极设想能够引导你的想象往某个方向发展，然后我们的大脑便会对潜意识发出指令，要求它期待这个想象成为现实。积极的设想会逐渐渗透影响我们的内在感受，对我们的思想、感觉、信念以及外在情况都产生巨大的作用。因此，如果你的内心更加乐观、更加强大，大脑就会开始吸引和汇聚生活中各种有利条件。同时，你也就不那么容易受到负面思想和负面经历的影响，因为你的全部精力都集中在如何获得成功和幸福上面。

积极的设想会逐渐渗透影响我们的内在感受。

闪亮秘诀

一切从想象开始。

运用想象力

要记住，想象力是一种强效工具，它能够用来设想未来的各种不同可能性。梦想反映出你珍贵的愿望，而你可以通过恰当的意识理念将它转变为现实。因为梦想是辽阔无边的，所以你可以尽情想象各种可能发生的事情。这种想象所产生的正能量会推动你走向未来。你可能会觉得设想未来是一件很困难的事情，这或许是因为你的观念太局限。即使是天生不擅长想象，也仍然应该尝试一下。独自一人时，以舒服的姿势坐下，试着做短暂的练习。要保证练习在不受干扰的情况下进行。

闪亮行动

只需要闭上眼睛，然后开始专注呼吸。轻轻地吸气和呼气，集中注意力感受横膈膜有节奏地升起和回落。每呼吸一次，都更加放松一些。一直专注呼吸，将压力从体内释放出来。如果你脑中又冒出了任何想法，把它们看做是飘过的流云，继续专注呼吸。现在开始，想象自己置身于一个美丽的地方，可以是一座漂亮的花园，或是踩着白色沙滩在海滨漫步。设想自己是幸福快乐的，感到自己内心强大，充满力量，既果断又有自信。你勾勒得越是清晰、真实，这种设想的力量就越是强大，越能让你如临其境。让自己在这样的设想中沉浸数分钟，然后准备好逐渐将注意力转移回呼吸上来，慢慢地让自己从想象中回到现实的房间里，睁开双眼。

如果你觉得设想很难，就一直坚持练习，脑海中浮现出你想象的一个美丽地方。当你感到自己可以轻松自如地做到这一点时，就可以继续进行下一步。

创造一段“记忆”

我们来想象一下，比如你的目标是跑完一场马拉松。想象自己正在跑这场比赛，你能够感受到自己体格强健，并且坚持要跑到终点。积极起来，带着坚定不移的信念和决心专心设想这场比赛。相信自己可以做到。不论你想要达到的目标是什么，只要你在脑海中预演了一遍，你就等于有了一次成功达到目标的“记忆”，同时这种体验会在你的潜意识中编码，将你所设想的成功结果输入潜意识中。如果你觉得语言、思维或是感觉会更助于设想，那么你可以将这些工具都运用上去，渲染出更有活力和影响力的画面。

未来靠自己想象

翻回人生饼图，选择其中一个自己有兴趣的方面，想象一下它的未来。这一方面在未来半年会是什么样子？未来一年呢？未来五年呢？

你专注于自己的理想人生，去想象、去看、去感受、去体验、去相信。你现在就是正在创造着自己的未来，以全新的方式在脑海中绘制着新生活的蓝图。要有创造力！坚持用自己心中的眼睛描绘未来。自己去体验会有怎样的感受？坚持去想象你理想的景象。现在就开始设想自己的精彩未来。当你亲自勾勒未来时，要带着愉悦的心态去想象，让设想到的画面融入自己，成为自己的一部分。放飞想象力，让它自由翱翔。

未来半年的我：

....

未来一年的我：

....

未来五年的我：

....

当你能以这种方式设想出自己的未来，它就不再是你要前往的地方，而已成为你用想象力、信念以及思想创造出来的地方。用创造力给未来注入生机，现在就让想象成为现实。找到方法将设想的情境融入到日常生活中，让自己在洗澡时、醒来准备起床时、散步或锻炼时、在上班路上时都按照设想中的理想方式去生活，只要你有这个能力。要让自己过最美好的生活。现在就创造属于自己的幸福。要明白你值得拥有这样的生活。你也会创造出最美好的未来。

制作愿景板

还有一个利用设想的有效方法，就是制作愿景板。所谓愿景板，就是指一系列反映出你理想的人生目标和梦想的图片。你可以用卡片、剪刀、胶水以及杂志（或网络）制作出自己的愿景板。通过网络检索或翻阅杂志选取出反映你理想生活的图片和照片。将这些图片和照片按照你认为能够激励自己的方式排列好。享受这个绘制理想生活的过程。为了让这个愿景更有影响力，你可以为每张图片加上肯定的注解。比如，如果你想创造经济上富裕的生活，就给自己选出一张能够反映富裕生活的图片，并在旁边附注上："我享受取之不尽用之不竭的富裕和富足。"这样便能够强化你的渴望。将愿景板挂在你定期能看见的地方。要定期看愿景板并保持专注，知道自己一直是在打造和实现理想生活的努力过程中。

积极的肯定

选择保持乐观心态对于成功实现目标不无裨益，而且至关重要。乐观精神所带来的愉快心情会改变你的自我感受。活在愿景中就是保持乐观的其中一种方法。还有另外一种方式，就是做出积极的肯定。

积极的肯定就是指任何时候都对自己以及自己的生活做出积极向上的论断，可以是大声宣告出来，也可以是在心中默念。失去信心或缺乏动力的时候，需要给自己打气的时候，或是仅仅想要让自己保持斗志时，便可对自己重复这些肯定的话。重要的是，在肯定自己的理想时，要融入真实的感情和信念。不要平淡单调地说一句"我会轻松实现目标的"，说的时候自己也要抱着坚定的信念，要发自内心地表达。仔细体会自己说的每一个字，深谙其中一言一语的含义。同时，这种让自己坚定信心的做法应该为你带来快乐。

在肯定自己的理想时，要融入真实的感情和信念。

以下是一些例子：

- 我喜欢自己，尊重自己。
- 每一天我都肯定自己的价值和重要性。
- 我强大、机敏、有才华。
- 我相信自己。
- 快乐和成功都是我的一种生活方式。
- 我选择乐观地面对自己和人生。
- 无论是与日俱增的挑战还是机遇，我都同样欣然接受。
- 我能轻而易举地实现目标。
- 我快乐地期待未来。

要从以上例子中选出帮助自己坚定信心的语句，你必须回顾一下在前面设定目标的那一章中选择了什么样的目标。以上语句中哪些能够鼓励并支持你追求理想？把这些语句罗列出来，并贴在显眼的地方，让自己每天都能看到几次。

我的目标：

1.

2.

3.

4.

5.

不断重复能够坚定信念——重复某些话多达一定次数它就变成真的了。如果你不断地肯定自己，其实也就是在告诉自己你是完全有能力、有意志力让梦想成真的。不要在自己做不到的事情上浪费时间。这种就是消极肯定，它对人的影响力和积极肯定一样大。不妨想想你能做到什么。你的潜力比你知道的要大，有些你连想都不敢想的事情最后都能做到。人的大部分极限都是自我设置的。要坚持相信自己。

闪亮秘诀

重复某些观点，重复到一定次数它就会成为你生活中的现实。

乐观的力量

你是否听过别人说某个人对于人生很有“波丽安娜”精神（即盲目乐观精神）？波丽安娜是一个小说中的人物，这个小姑娘拒绝一切负面观念，并凭借这种精神改变了所有和她接触过的人。故事中，她鼓励大家不要再将自己看做病恹恹、孤立无援或是灰心丧气的人。甚至当人们面对挑战时，她也教大家要把生活中这场游戏“玩得快乐出彩”，所谓游戏，就是无论他们正在经历多大的困难，都要试着找出至少一样能令自己快乐的事物。而在我们的文化中，“波丽安娜”精神是嘲讽的代名词，被认为是思维过于简单，过度开朗和乐观，不食人间烟火。但问题是我们在乎的是哪方面的现实，是谁眼中的现实。悲观主义只能让我们感觉更糟，切断我们的判断力，让我们无从判定什么事情有存在和发生的可能性。乐观主义则能让你心情更舒畅，对生活的态度更开放——那么你会选择哪一种心态？

期待最佳结果

抱有消极或悲观态度从来不会让情况有任何好转。它既不能给你力量，也无法让你设想或创造出一个更加美好、更加光明的未来，只会适得其反。只有乐观和积极的预期才能够带来力量，让你创造出积极的结果。选择抱以积极的预期是一个强有力的决定，它有足够大的潜力改变你的一生。之所以这样说，是因为选择积极预期能够提升你的能量，同时根据吸引力原则，乐观也会为你吸引到积极的生活经历。如果你相信自己有能量吸引到更美满的爱情、更富有成就感的工作或是更加精力充沛的状态，并将这种心态渗透到行为当中，这种意念就会如磁石般为你吸引到最佳结果。是否愿意对自己的最高利益保持开放的心态也因此而成为人们的一种选择，这种选择指导着我们的每一次思维和行动。你的未来取决于你现在选择的是哪一种心态。未来就是靠你当下的思想、信念和期望值来共同创造的。事实上，关于未来，你所能把握的最大力量就是现在选择用自我肯定、自我激励的思想和行动来武装自己，给自己能量。把未来设想得最好，你所创造的明天也必定最好。

这种意念就会如磁石般为你吸引到最佳结果。

闪亮行动

要拿出势不可当的势头，设想未来是追求成功的利器。翻回到人生饼图那个部分，选择一个你想要为之积极设想未来的领域。树立起强大的愿望，要凭借着想象力在脑海中绘制出最生动、最难以抗拒并且最令人兴奋的未来。要记住，你脑子里想什么、关注什么，最后想象出来的就是什么。当你切实地感到生理上有兴奋的征兆，并且这种兴奋感只有在想象中才体验得到，那么你的愿景设想就已经奏效了。在回答下面的问题时，要留意哪些问题会刺激并鼓动你将它们变为现实。不断在脑海中描绘生活在理想中的未来会是怎样一番情景，让你的想象尽可能地细致入微。同时不断给未来的愿景注入生命力，直到你感到它已经栩栩如生、近在眼前。现在你还不必知道未来的理想如何成真。你要做的全部努力就是迈出第一步，仅此而已。让自己的思维和全副身心都投入到对未来的想象中，将未来当做已经发生的现实来想。在想象中，要有意地描绘出崭新的画面。利用设想产生的强烈感觉激励自己付诸行动，创造一个新的世界，将关于未来生活的积极思维想象与肢体感觉相联结。要保持良好的自我感觉，并使这种感觉成为一种习惯。这将使你充满活力和士气，创造最美好的人生。

闭上双眼，想象着自己将愿景呈现在脑海中：

- 这给你带来怎样的感觉？充满力量？愉悦？成功感？狂喜？自信？雄心壮志？获得了动力继续设想下去？
- 你的生活将会有多大不同？
- 哪方面将会改变？
- 别人会怎么看你？
- 你对别人是怎么评价自己的？实现了理想的结果会对你的自尊心以及自我评价产生怎样的影响？

你的积极设想是否有足够的吸引力让你迈出创造美好生活的第一步？如果有足够的吸引力，那么你接下来会怎么做？

让自己敢于接受

为了能让各种理想在生活中得以实现，无论你的愿望是获得一段亲密无间的感情，做自己喜欢的事情，还是拥有更强健的体魄，都必须学会接受自己想要的东西。这个观点听起来很无谓，但在现实生活中，我们很多人都更擅长给予而不懂得如何接纳。对于很多人而言，学会接纳是整个过程中最艰难的一步，因为你要重新发掘出内心的抵触情绪以及贬低自我价值的自卑感。如果你具备较好的自我感觉，你就能够接收和吸引到积极的生活体验。随着你循序渐进地阅读这本书的每个章节，你的自信心与自尊心都已慢慢强大起来，即使一切都尚在努力过程中，也要相信你完全有资质过上最美好的生活，坚信这一点，奇迹便会在你身上降临。

继续想象你的美妙未来

运用自我激励的观念、利用坚定信心的话语以及发挥想象力是实现转变的利器。你用越多的时间想象成功的结局，它就越是真切，也越容易实现。如果你相信这个道理，就意味着你已经迈出了实现理想的第一步。坚持不断地设想未来，并将积极的意念植入到潜意识中。我们未必能预测出精准的结果——最后实际的结果可能甚至比我们目前所能想象到的还要更好。要灵活一些，并且要相信只要你有正能量和积极的意愿，就一定能够创造出最佳可能的结果。

闪亮回顾

人生是一个能够自我实现的预言。如果你设想自己的未来充满幸福、成就和满足感，那么你就能创造出最美好的明天。要坚持一直想自己坚定积极的信念，并让想象力为你勾勒出具有无限快乐和热情的人生。不要忘了，你手中把握的力量足以为你创造幸福和成功。

闪亮一周任务

努力将某一个坚定信心的积极信念变为内心根深蒂固的事实。每次你重复这个信念时，留意它对你的精力和情绪会产生怎样的影响。

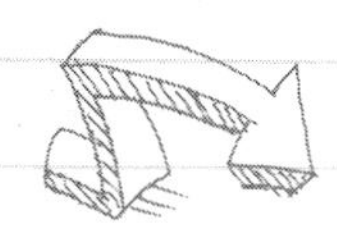

10 INSPIRATIONAL STEPS TO TRANSFORM YOUR LIFE

第四部分

拥抱崭新人生

第9章 腾出空间，迎接崭新人生

对海岸线依依不舍的人，

永远探索不到新的海洋。

——佚名

清理

一旦你明确了目标，就需要从生活中腾出一块清净的地方，这样才能集中精力努力达成目标。清理的作用之大再怎么说也不为过，清理出房间里用不着的东西，甚至是无关紧要的东西是一个真正起到转变作用的过程。即使小范围的清理也能够产生显著效果。当你开始清理外部世界时，内心同时也会产生同样的清理效果。可能在感情上你还会对一些旧东西依依不舍，比如说你非常喜欢一条旧裙子，但其实你根本不会再穿或早已穿不下了，可就是舍不得丢掉；又或者说你把东西都留着、积压着，就是“以防万一”将来某一天能用得上。仅仅因为今后可能派得上用场而把废旧物品留下来会消耗甚至殆尽我们的精力。要决定一样东西是否已经算是废旧物品其实很简单。如果留着它会耗费你的精力，那么这就是废旧品；如果你喜欢它，并且还会继续用它，它就不是。即使你不懂得这个道理，屋子里的各样物品仍然会对你的精力产生影响的。

如果留着它会耗费你的精力，那么这就是废旧品。

闪亮行动

仔细搜寻你家里面的能量。闭上眼睛，确保自己的坐姿舒适并且不会受到干扰。集中精力在自己的呼吸上，让自己慢慢地一点点放松下来。排除所有想法，将脑海中闪过的念头当成是天空的流云。现在，想象自己在家中走动。逐个房间去看一看——你环顾房间时留意到了什么？房间给你怎样的感觉？是让你感到宽敞明亮，还是杂乱无章、略感压抑？是否有堆积的杂物占据了空间？检查一下厨柜和抽屉。挑选出各种不同的物品，打开各个橱柜和抽屉看一下。留意哪些物品让你能量消耗，哪些让你能量递增。当你巡视完整个家之后，慢慢地将意识收回来，让自己恢复至在屋里静坐的状态，并睁开双眼。

闪亮案例

改变能量

贝丝的婆婆临终前将自己的一个首饰盒交付给她。贝丝和她婆婆的向来不和——贝丝一直觉得婆婆对自己有偏见，并且有意在打击她。尽管贝丝并不喜欢这个首饰盒，但她觉得自己有义务替婆婆保管。贝丝每次看到首饰盒，潜意识里都会联想起自己被诟病的情景，因此这个首饰盒也就在下意识地削弱贝丝的能量。后来贝丝意识到这个首饰盒给她带来了多大的负能量，就当即决定要将它处理掉。事后，贝丝立刻感到如释重负，她很高兴卧室中的氛围一下子就彻底改变——几个月以来第一次有这种轻松明快的感觉。

为新生活腾出空间

物品有着很强的寓意和暗示作用，而将物品清理出房间则会对我们的健康有显著功效。挑拣出你打算清理掉的物品，并问问自己：

● 处理掉这样东西会给我带来什么益处？

● 如果将这样东西清理了，我会有何损失？

● 清理完毕后，会腾出位置给什么新事物进入我的房间？

比如说，如果你想要开始一段新的感情，但却仍舍不得前男友的信件和照片，当你清理这些物件时，要告诉自己必须积极地坚定信心："我清理掉了过去，现在要敞开心扉准备接受一段美好的新感情。"

什么才是真正重要的东西

另一个可以清理生活并增加能量的方法，就是权衡和区分清楚什么是头等要务，什么是非头等要务。头等要务是指例如照看孩子、上班、付清账单等事务。非头等要务可以指你为社区或朋友所做的事情。如果你愿意卸下非头等要务，你就可以将消耗在这方面的精力和时间解放出来，用在对你生活真正重要的那些方面。想一想你的头等要务和非头等要务有哪些，列在下方。

头等要务：	非头等要务：
1.	1.
2.	2.
3.	3.
4.	4.
5.	5.

寻求帮助，学会授权

刚开始时，可以先从取消一至两项会为时间、精力带来负面影响的任务做起。要完成这一步，你可能会需要寻求帮助，将责任授权给别人，或是坚定地拒绝他人的请求。学会授权并非易事，因为我们都担心自己的角色不再重要，或失去了控制权。要懂得寻求帮助或分担任务。尝试着将一些小事情授权给别人完成，看看这能使你轻松多少。

学会拒绝

如果我们肩上扛得太多，自然会产生怨恨不满的情绪。因此很重要的一点就是要懂得拒绝不合理的要求，拒绝别人或我们自己不现实的期望。如果你尊重自己划下的边界，并清楚头等要务和非头等要务之间的区别，那么你就应该懂得说“不”，并且说到做到。当你能够轻松自如地拒绝别人，请依照以下方式评价一下自己：

- 你更自由了，精力更充沛了。
- 你有更多时间去完成对自己重要的事情。
- 你的自我价值增加了。

闪亮秘诀

拒绝别人就等于帮助自己。

我希望卸下的两项非头等要务是：

1.

2.

有条不紊

对自己的生命质量负责是我们所能做出的最大转变。生活方式简单转变可以让你的精力、时间以及为计划所付出的行动都截然不同。保持活力和决心是你的能量源泉。但是如果你做事情杂乱无章，一样走不了多远。甚至最有抱负的梦想也会因为你无暇栽培而化为乌有。首先，将事务按轻重缓急排列，找出首要任务，为对你而言真正重要的事情留出时间。

闪亮行动

尝试这些节省时间的方法：

- 减少浪费在无谓或琐碎事情上面的时间，这样可以专心做你真正想做的事情。
- 所承担的任务量以自己能够轻松应对为准，不要超负荷。学会授权。
- 不要拖延——只管去做。
- 学会控制。秉承目标第一的原则，其他重要事务围绕目标展开。

闪亮秘诀

聪明的人时间永远是充裕的。关键看你是否懂得权衡轻重。

找出最重要的任务

分辨出哪些是重要任务其实很简单，只要列出两张清单即可：在其中一张清单列出在生活中对幸福有重要影响的各个方面，例如自由支配的时间、工作、感情、友谊、运动等；在另一张清单则列出和幸福有间接关系的事物，例如看电视、回复邮件、给别人帮忙等。通过这个方法，你就能明确地计算出那些既令人紧张又耗时的次要事情占用了你多少时间。

我的首要责任：	我的次要责任：
1.	1.
2.	2.
3.	3.
4.	4.
5.	5.

当你承担的事务过多，或把自己逼得太紧，就很容易因体力透支而倒下。假如你已经严重超负荷运转了，那就问问自己这样透支自己、马不停蹄地忙碌最后换来的是什么。比起把时间留给自己，你把时间都

贡献给别人会为你带来什么更多的好处呢？比如，可能你会感到自己被需要，或是得到别人的肯定。最关键的是，你要能够对自己的时间、精力和幸福给予充分的尊重，同时只要你愿意重新平衡自己的生活，无论这个过程进展得多缓慢，你最后都能够创造出真正富有成就感的人生。

闪亮秘诀

你现在所做的事情是否有助于你向目标靠近？任何无用功都代表着你所浪费掉的时间。

能量助推器和能量灭火器

找到增加能量和消耗能量的源头对于创造美好人生的能力有着举足轻重的意义。观察自己一天下来能量增减的诱因是什么，以及这对你的思想、情感和生理分别产生怎样的影响。有些人和事物能够为你增添能量和活力，而另一些则会将你消耗殆尽。下面举几个例子：

能量助推器	能量灭火器
散步、跑步、游泳	做自己不感兴趣的事情
洗完热水澡后用冷水冲一下	看电视的时间过长

续表

能量助推器	能量灭火器
观看日出	待在封闭或人为光线过强的环境里的时间过长
对自己重复积极坚定的信念	陷在局限的思维里

下面列出你自己的清单。

我的能量灭火器有：

1.

2.

3.

4.

5.

想一想这些消耗你能量的事情和想法。如果你觉得要终止这些做法很困难，那么问自己以下几个问题：

- 这样做的目的是什么？
- 这样做能为我带来什么好处？
- 这样做能让我得到什么？
- 我之所以这样做是有什么样的借口？

要下定决心至少革除掉一个能量灭火器。比如，你的能量消耗在别人对你的负面评价或批判上面，那么你就要下定决心减少与这些人相处的时间，或是避免和这些人在一起。坚持花更多时间享受自己的人生。

下面想一想你的能量助推器有哪些。

我的能量助推器有：

1.

2.

3.

4.

5.

思考一下有没有什么方法可以让能量助推器每天都发挥更大能量，或覆盖更大范围。享受这些提升能量的事情所带来的益处。

闪亮案例

女超人

索菲是一位超人母亲。她有一份全职工作，同时在几个委员会任兼职，投入大量时间为社区筹款以及办事。她需要同时兼顾的事情太多，因此生活的各个方面都受到了影响。她知道自己要放开一些事情，但又不知道该放开哪些。

在接受人生指导课程期间，索菲发现如果要放弃自己将会无比内疚，担忧恐惧。她觉得别人可能会认为自己这样做很自私，并因此失去他人的尊重，甚至朋友也会离她远去。她还意识到自己牺牲了生活中的许多东西，包括她以前喜欢做陶艺，喜欢待在大自然的怀抱里。索菲渐渐明白了这样一个令她痛苦但却能解放心灵的事实：她太看重别人对自己作为超人母亲的羡慕眼光，将这种羡慕看得比自己的幸福健康还重要。同时她还发现比起给自己的爱和关怀，为别人而奉献反而要更容易。她努力转变对自我价值的认识，并逐渐学会放开消耗精力的各种职责任务，开始着手做一些让自己快乐舒心的事情。

索菲学会珍视自己和自己的需要，树立了新的目标帮助自己朝新的方向发展。现在的她依然很忙碌，但她感到很有满足感，也很有活力，生活也更加平衡。

给自己空出时间

改变生活是需要时间和努力的。所以很重要的一点是你要记得给自己充电。如果你担负的事情过多，长长的一张任务清单把每一分钟都排满了，那么你的能量必然会耗尽。这种情况下，就要空出时间专心静养，给自己充电。如果要让自己处于最佳状态，让生活平衡发展，那么就必须要有“自己的时间”。如果你觉得只关注自己的需要太自私了，不妨再好好想一想，平衡自己和他人的需要其实是尊重他人也尊重自己的表现。你可以自我中心一点。所谓自我中心，无非是指你要与自我和谐一致，重视自己的身心健康，照顾好人生中最重要的那一位——你自己。如果你选择尽最大努力照顾好自己，这样每个人都会因此而受益的，因为只要照顾好了

自己，你才有精力去料理生活的方方面面。

如果要让自己处于最佳状态，就必须要有“自己的时间”。

拥有“自己的时间”非常重要，认识到这个重要性是其一。更有难度的是在劳碌的生活方式中真正找到时间空出来给自己。要空出尽可能多的时间，但同时要确保这些时间不是你从繁忙的事务中硬挤出来的。思考一下，如果有自己的时间，可以让你暂时忘却日常工作和生活的任务，你最希望以怎样的方式度过。你可能会发现自己想做一些有创造性的事情，或是偏体力型甚至纯体力的活动。拥有“自己的时间”可以让你有空间去反思人生，让你休整好准备进行自己想要的改变。

闪亮秘诀

“自我中心”是指量力而行、有的放矢。

闪亮案例

为新生活腾出空间

乔尔原本在城市里身居要职，后来因为身体方面的一些小毛病而放弃了这份工作。他知道自己已经透支了，需要花些时间重新审视自己的人生，做出一些必要的改变。在他的第一堂人生指导课上，他专注思考自己的人生饼图，震惊地发现自己在各方面得分如此之低。他把所有精力投入到了工作中，生活完全失衡，已经到了枯竭的地步。

经历了数次课程之后，乔尔发现自己对花卉和植物很感兴趣，并且这方面的知识相当丰富，因此他真正想做的事情就是自己创业，从事种植方面的生意。尽管乔尔明白自己目前要先放慢生活步调，缓冲一下，但一想到未来可以做一些自己真心喜欢的事情，还是止不住兴奋和激动。他培养了足够强大的自信踏上创业之路，利用积极的设想和自我肯定来激励和鼓舞自己。一旦设定好了目标，他就制订出行动计划。他还做出了一个时间表，给自己一年为期限将事业推上正轨。

同时，乔尔还腾出了不少时间经营自己的生活。他在当地一家书店兼职做了几个月，并利用许多闲暇时间阅读园艺方面的书籍，汲取到更多关于这方面的知识。

乔尔的店按照预计的时间准时开业，他的生意越做越大。正因为他从事的是自己喜欢的工作，他的生意也就得以蒸蒸日上。

迈出第一步

生活有时会为我们指明新方向。当新方向呈现在我们面前时，通常可以有几种选择。你可以忽视它，也可以考虑是否选择它，但要在下定决心之前反复斟酌，你也可以探索这个新方向会带领你走向哪里。即使你一开始不确定，只要你迈出第一步，就能够一步步走下去，最后到达你想去的目的地。新的方向出现时，往往正是人生需要做出改变的时候。一旦你决定要向前方迈进，锁定目标，那么你所做的改变就会初见成效，就算是成功了一半。你能否拥有更精彩的人生，取决于你是否愿意跨入新的世界。你向未知世界迈出的每一步都会更加坚定你的决心，去扩大无限的可能性。

新的方向出现时，往往正是人生需要做出改变的时候。

我们的生活有很多条不同的道路，分别通向爱情、工作、友谊以及之前我们所不知道的方面。你迄今为止所经历的人生就是你为自己所选择的道路，而你是否能够继续成长则取决于你能否继续保持好奇心，更深地探索自我。迈出第一步会是激动人心的时刻，因为你已经跨过了新生活的门槛。

勇敢翻开新一页

要着手开始改变生活，让它更加美好，只有一种方法，就是开始去做。走出第一步往往是最难的，你需要有明确的目标为接下来的努力做指引。要谨记，实现目标不能急，要一步一个脚印。有些目标可能风险比较大，但不要为此而顾忌，选出你认为最重要的目标。从本质上说，你所选择的目标必须符合自己的本色。你所做出的改变甚至能够反映出你在价值观方面的变化。比如，你过去可能是把别人的需要放在第一位的，现在则会优先考虑自己的需要了。如果你做到了这一点，就证明你比从前更注重内心的渴望和感受，而你所设定的目标也会反映出这种变化。轻装上路，不要让自己背负消极的想法。积极的能量才能让你朝着正确的方向前进。坚持在脑海中设想你想要达到的目标是怎样的，这样你的下一步才会明朗起来。要懂得一个道理，就是成功其实是日复一日努力，积少成多的结果。还要学会遵循直觉——下一步该怎么走，往往只有你的内心直觉最清楚。

闪亮秘诀

最耗时的工作就是你迟迟不愿开始行动的工作。

从容不迫

千里之行，始于足下。改变是一个循序渐进的过程，必须假以时日才能完成。如果你想收获苹果，就要耐心等待开花、结果，直到果实成熟。毛毛虫也不是一夜之间就从幼虫蜕化成蝴蝶的，在破茧成蝶之前，它也要经历在茧中羽化的过程。同理，我们也清楚自己整个改变过程的时间表。如果将最终的目标定为收获一粒种子，那么你的任务就是要给植物提供最适宜的生长环境，让它开花结果。在等待结果的过程中要保持耐心，并坚持设想目标实现的情形。

相信过程

要做到一张一弛。有时候你所要做的仅仅是保持对新生活的向往，静静等待它的到来。这是一个奇妙的时刻，因为你所播下的种子此时已经开始生根发芽。但这个时候也最需要信心，因为表面上看起来情况丝毫没有变化。当你处于这种过渡期时，恰好可以借此时机思考一下自己现在所处的位置、状态以及当下的感受。思考后，你可能会发现在某些方面自己还需要更主动一些。问一问自己还需要做些什么确保事情进展顺利，然后就着手去做。如果你自身已经不需要再做些什么，那么就回顾一下这几天以来的情况，好好享受这个过渡期，相信未来已在不远处等你。

闪亮秘诀

过渡期能够让你在不知不觉中蜕变成为全新的自己。

个人能力

个人能力意味着什么？我们很多人误以为个人能力就是指我们对别人所产生的作用和影响。但个人能力真正的含义是指对自己的优势、价值、才智、技艺和能力有着清晰的了解和认识。个人能力会让你懂得要将自己的人生放在第一位，让你深谙自己的价值，明白自己值得拥有最理想的生活。当你具备了个人能力时，你就能够做到当机立断，胸有成竹。你会发现过去自己所畏惧的事情，现在都有胆量去完成。与此同时，你也会全力以赴，做到最好。

什么能够让你的内心变得强大有力？

- 知道自己想要怎样的生活。
- 坚定地为创造理想生活而努力。
- 保持真我本色——你的观点和信念都坚持自己的本色。

你还有什么见解，不妨罗列在下方。

让我感到内心强大有力的情形还有：

1.

2.

3.

4.

5.

怎么做能让你感到强大有动力，感到自己势不可当，你就怎么做。

闪亮回顾

当你下定决心要为崭新的人生而努力时，你就不可避免地要做出一些改变。你可能需要放弃一些让你分心、令你无法料理好自己人生的非头等要务。学会分清轻重缓急，先主后次，并腾出“自己的时间”。你为自己投入的精力越多，你的人生就越充实。

闪亮一周任务

坚决放掉非头等要务，并利用好由此而空余出来的时间。

第10章 保持动力满格的秘诀

命运不是机缘造化，

而是定夺抉择。

命运不是指待天意，

而是主动出击。

永远不要放弃梦想。

实现梦想的力量就掌握在你手里。

——帕坦伽利

知道自己想要什么是一回事，有动力去实现这个理想，并保持动力源源不断，是另一回事。佛家有言：处世之道，有如解燃眉之急。换言之，如果某样事情对你来说非常重要，你就会将它作为当务之急，集中所有力量朝这个方向迈进。如果你真想要取得成功，就应该有热血沸腾的动力。当你获得动力时，你就会调配所有资源，汇聚各项才能，集结全部力量，全心全意，集中精力去完成目标。你会百分之百地投入其中，你的渴望、你的思想以及行动都会支持你去行动。

你的动力是什么

无论你的目标有多大的感召力，你总会有开始倦怠的时候。出现这种情况时，你就必须要找回动力的源泉，给自己重新充电，利用自我激励的工具把自己推送回到正轨上来。以下是一些自我激励的工具。

清楚自己的价值

虽然我们的自我感觉会随着人生之旅的不同阶段而有所变化，但总体而言我们衡量自我价值的标准都是基于我们所取得的成绩，才智有多高，长相如何，富裕程度以及拥有怎样的才华。此外，旁人的眼光也左右着我们对自己的看法。但事实是，你所固有的自我价值跟以上这些因素都毫无关系。一个人真正的价值是内在的，不会被任何人或事抹杀。而且一旦你学会了珍视自己，你的人生就会开始由内而外地转变。你每对自己坚定一次信心，每尊重自己一次，你的自信心和自尊心就强大一点。当你认可自己的价值时，你就能够全盘接纳自己了。能为我们带来幸福、自信，并激励着我们做到最好的，恰恰就是自我价值。

一旦你学会了珍视自己，你的人生就会开始转变。

让创意之流永不停歇

当你在进行创造性思维时，对于新的点子和新的视角你的心态是包容开放的。你会捕捉到灵光一现的创意，你会让创意之流潺潺不断，而这股创意的暖流也会让你感到精神倍增，兴奋不已，无论手头上的任务是什么，你都能够为之投入无限的热情和精力。

闪亮行动

以下给出一些建议，帮助你保持创意之流奔腾不息，动力源源不断。

● 每天自我检查，问问自己这些问题："是什么让我对目标热情高涨?" "为什么我会想要实现这个目标?"准备一叠白纸，写下你脑海中对这些问题的任何想法。你所写下的答案会给你以启发。

● 探寻渴望——阅读关于传奇人物的书籍和电影，看看那些以非比寻常的方式实现卓越人生或获得显著成就的人是如何取得成功的。

● 跳舞、唱歌、运动、冥想——这些活动都能够改变你的精神或身体状况。

- 用五分钟的时间深呼吸，让肺部吸入氧气，然后呼出废气。你会感觉到全身每一个细胞都重新注入了活力，整个人都精神焕发。
- 多喝水。当人处于脱水状态时，体力和精神自然会锐减。没有充足的水分，我们的大脑——85%都是水分构成的——也就不能够正常运转，我们也就无法发挥最佳作用。

学会感恩

如果你只关注着生活中不如意的事情，那么你就很容易忽视了生活中积极美好的一面。眼睛只盯着消极的事物和错失掉的东西，会消磨人的精力，对于追求理想毫无益处。这种心态会滋生出不满情绪，让人缺乏信念，最后所有这些负面情绪都会一一应验，成为事实。如果你关注的是自己庆幸拥有的东西，并且心怀感恩，那么你就会觉得生活富足美满，这种心态也会帮助你获得你想要的。

列出五样当下生活中让你珍惜并感恩的事物。除了这五样，你还能想到其他更多的吗？

让我心怀感恩的事物有：

1.

2.

3.

4.

5.

清晨醒来时和晚上入睡前都不妨在脑海中回顾一下这张表格。想一想生活中的各个方面都有些什么事情让你特别感恩。这种感激之情应该是真挚、发自内心的。即使是你往常不认为是什么值得感恩的事情，回头仔细思量也有可能会发现其实是自己得到的眷顾。将自己所拥有的一切美好事物都牢记于心能够为你带来强大的力量，为你增添能量，保持前进的动力。

增强活力

我们都知道活力充沛是一种怎样的感觉。活力是指“有节奏的脉动或跳动”。其实世上万物都是有能量的，不同种类的能量以各自不同的速度震动着，人类也是以不同的能量频率脉动着。而你的脉动频率就是由你的思维和感受决定的。如果你脑子里尽是消极想法，能量就会被消耗，你也就会丧失力量。如果你以积极的方式审视自己和未来，那么你的活力就会得到提升。你可以通过不断地增强活力来让自己保持积极性。

以积极的心态思考问题，你的活力就会得到提升。

调整目标——假如目标对你已不再有吸引力，就要改变航向

旅途上这一路会发生许多改变，你可能会想要调整前进的方向，甚至彻底更改目标。如果你所设定的目标已经不再能够照亮你的道路，你就需要弄清楚究竟哪一方面出现了变化。最关键的权衡标准，就是判断目标的核心意义是否还成立。举例而言，假如你的目标是半年之内要寻觅到人生的另一半，不料寻觅之旅走到半途你突然发觉目前还是专注于个人发展对自己更加有利，此时你的价值观已然发生了转变，因此先前制订的目标就不再能够引起你的共鸣。要让自己有足够强大的动力，就必须不时地回顾原来设定的目标，确保这个目标仍然适合现在的你。问问自己你的目标是否还与现在的你相一致。调整好自己的目标，你才能够回到正确的轨道上来，才能够获得继续前行的动力。

闪亮秘诀

成功是日复一日水滴石穿的结果。

闪亮案例

选择适合自己的

贝琳达决定继续在现有的工作岗位上再做一年，然后再筹划结婚生子。她现在的工作是一本精美杂志的编辑，她很喜欢这份工作，一直拼命努力想要做到公司最高的位置。但是，同时她也感到自己的生物钟已经发出警告，她很担心如果现在还不赶紧怀孕生孩子，以后就为时已晚了。半年后，贝琳达接到通知，征询她是否有兴趣担任一本新创办杂志的主编。这个挑战让她顿时无比兴奋。她全身的每一根神经都跃动着鼓动她答应下来，但另一方面她知道这样一来生小孩的计划就又要延后。

在接受过一堂课的人生指导后，贝琳达才真正明白接手新主编的工作才是她的正确抉择。她知道以自己 32 岁的年龄，还能延迟一小段时间再转换自己的角色。她决心要接下这份工作，订立新的目标——给自己两年的时间重新给人生定位。

一步一个脚印

我们常常只在乎目的地，而忘记了体验旅途本身的乐趣。有时我们失去了耐性，有时甚至希望实现目标的时间比当初预期得更快一些。但其实如果你愿意以另一种角度去看的话，你所走的每一步对将来都是无比宝贵的经历。所有最后成功抵达终点的人都是先走出第一步，然后再迈出第二步、第三步……直到终点。要相信你所走的每一步都使自己向成功又靠近了一些，也会令你的动力变得更强大。

自我奖励

自我奖励是保持积极性的一个有效方法。给自己奖励就是肯定自己进步的一种方式。只不过要确保你给予自己的奖励和你所制订的目标是方向一致的。比如，如果你的目标是饮食更加健康，一个月瘦下四公斤，而你每减掉一公斤却奖励自己一大块巧克力，那么这种奖励方式就和你的目标背道而驰了！你奖励自己的方式要能让你更有动力实现目标——奖励自己周末做按摩，或是加入健身俱乐部都是不错的选择。

负责任

负责任是指不能够失信于自己（或是任何人）。要做到负责任就意味着言出必行，并要对说过的话承担全部责任。但这并不是说你的目标是铁板钉钉、绝对不能改变的，而是说你要对自己作出承诺，要发挥出自己的最佳实力。

灵活行事

集中全部精力专注于某一个目标确实能够提高效率，但还有一点很重要的你要记住，就是结果可能不止一个。要保持开放的心态面对其他各种可能性，因为有可能还有某条可以选择的路是你尚未考虑到的。

保持活力

坚持活动身体。做运动可以让能量在体内运行，清除心中杂念，提升精神。做自己喜欢的运动——跳舞、散步、参加运动课程或是游泳等，要经常运动。

保证充分的休息

我们每个人都会经历艰难困苦的时期。每当这些时候，就会感觉诸事不顺，挑战接踵而至。这是整个过程中必经的一部分。如果你发现自己已经停滞不前，那么有可能是需要给自己充电了。如果能量持续流失，可能只要睡一觉就能恢复体力。休息好了，才能应对接下来一整天的任务，以及任何可能发生的事情。如果是感到胆怯和气馁，稍微调整一下看问题的角度，感觉就会大不一样。也许你一直对自己说每天必须至少有八小时的睡眠时间，如果睡不够八小时就会没有精神做事情，那么建议你尝试着验证一下这个说法，看看情况到底是不是跟你想象的一样。试验的结果会让你很意外。

休息好了，才能应对接下来一整天的任务。

每一次的经历都能转化为宝贵的经验。这就全凭你如何看待。

专注当下

我们的过去可能会成为一种负担。如果你觉得自己在前进的道路上仿佛背负着什么会挫败自己能力的包袱，就要坚决把它卸下。卸下包袱可能需要一定的时间，你也可以寻求他人的帮助，对自己宽厚一些，耐心一些，你就能得到你所需要的支持。

找到给自己打气的方法

保持动力源源不断是需要精力和信念的。下面提供一些增强动力的方法，可以将它们添加到你的自我打气方法中去。让这些方法成为你生活的一部分，成为每天经历的一部分。

- 不断坚定对自己的信念，相信自己有能力达到目标。用现在时的时态来表达你的信念："我有能力，也有信心。""我有一份非常棒的工作。""我拥有真挚的爱情。"
- 不断让自己确信，你值得拥有最好的生活。要记住，你怎么想，就会过上怎样的生活。

● 坚持设想你希望看到的结果，真切地体验这种现实感所带来的快乐。这是为自己加油打气的有效方法。

● 保持开放心态，接受各种意料之外的可能性。只要以正确的方法看待，你可以将每一次的挑战都变为机遇。

● 耐心等待，相信只要假以时日，生活必然会有转变。任何事情都需要时间才能瓜熟蒂落。

闪亮秘诀

享受旅途的过程，期待最佳的结果。

闪亮案例

相信过程的力量

有一个广为人知的故事，说的是一个男子观察蝴蝶破茧而出的过程的事情。这个男子看到蝴蝶挣扎着想要从蛹壳中羽化而出，努力了很久却依然没能挣脱束缚，男子觉得这只蝴蝶大概是不可能自己脱茧而出了。于是他掏出了随身携带的折叠小刀将茧破开，让蝴蝶能够挣脱出来。男子期待着蝴蝶展开翅膀，但让他错愕的是，他发现蝴蝶根本无法飞翔。蝴蝶在破茧而出的过程中所消耗的能量和付出的努力，恰恰强化了它双翼的力量。没有经历过这个艰难的过程，蝴蝶永远无法获得飞翔的力量。

提出恰当的问题

当目标能够让你为之兴奋雀跃时，你就会沉浸其中，仿佛身临其境。你会充满动力去实现它，每次想起这个目标都会为之振奋。然而，兴奋感——以及由此产生的士气——都可能因为你内心的纠结而消散。或许某个目标会让你动力满格，但同时你也可能会经历其他的感受，像恐惧、焦虑、担忧。比如你可能想要减肥，但又害怕要接受体能训练，以及达到理想效果之前所要面临的失落感。又比如，你渴望邂逅爱情，但又担心再次受到伤害；盼望着找到一份工作，同时却又觉得前景黯淡、心灰意冷。

种种这些质疑背后都隐藏着相同的问题：

- 如果我失败了怎么办？
- 如果我不够好怎么办？
- 如果成功了我怎么办？

如果你发现了自己存在着这些问题，就要迅速将它们转换为：

- 获得成功的最佳方法是什么？
- 我要如何才能运用好自己的各种技巧和能力？

● 我应该如何享受成功的果实？

要坚持给自己坚定的信念，积极地看待自己，相信自己有能力达到目标。如果你渴望一段新感情，这就意味着你要相信自己有爱和被爱的能力。如果你的愿望是经济上能有丰厚的回报，这就意味着你要相信自己值得拥有殷实富足的生活。

闪亮秘诀

你对自己有什么样的信念和看法，就会过上什么样的生活。

必要时，寻求帮助

即使是心怀世界上最美好的愿望，我们有时还是会被心里的内在破坏力恐吓得退缩。打个比方，就像是我们的健体养生计划一直进展顺利，可偏偏就在我们感觉不错的时候，我们突然中止了计划，放弃了继续运动下去或是停掉了一直在服用的维生素。有时候我们能够即使察觉到内在破坏力正在作祟，而有时它却偷偷在我们的潜意识中犯事，这就是为什么我们难以发现这种破坏力是如何操控着自己。只要你意识到你现在的行为正削弱着自己的力量，阻碍着目标的实现，这种内在破坏力就能够被驱散。如果你还需要更大的努力才能赶走这股力量，就要寻找你的后援队提供支持和帮助。

寻找你的后援队提供帮助。

选择一个榜样人物

创造理想生活的积极性就是你最大的动力。同时，找到一个拥有你想要的一切的榜样人物可以更加激励着你争取做到最好。这个榜样可以是小说中虚构的人物，也可以是真实存在的，或者是你认识的某个人。认真思考一下这个人对你的吸引之处在哪里，你最羡慕他/她的是什么。可能是他/她的勇气、决心，或是为世界带来了巨大改变的远见卓识。你是否在自己身上也发现了这些特质？我们常常会将自己欠缺的或尚未发掘的品质投射在别人身上。

列出你最羡慕的榜样人物有哪些特质。

我羡慕的榜样人物这些方面：

1.

2.

3.

4.

5.

我和我的榜样人物所共有的特质有：

1.

2.

3.

4.

5.

闪亮回顾

动力可以点燃你的激情，推动你朝着目标前进。运用你可以使用的几种或所有激励工具，确保自己在创造理想生活的过程中保持活力充沛、精力集中、精神焕发。

闪亮一周任务

选择两种自我激励的工具，应用到每日生活中去。这些工具对你的精力和注意力产生了怎样的影响，将这些影响记录下来。

第11章 改变的同时，别忘了享受这个过程

抱最好的期待，化问题为机遇。

切勿满足于现状。

关注你要往哪里去，而不是从哪里来。

最重要的是，决定要快乐是一种心态，

是日常行为所养成的习惯。

——丹尼斯·韦特利

恭喜你！你已经踏上了改变人生的征途，选择了努力过最美好的生活。你已经接受了挑战，寻找真实的自我，以及内心真切的渴望。这是一次伟大的征程，当然也免不了一路上会遇到坎坷。如果生活举步维艰、挑战重重或是差强人意，我们就很难对现状满意。但

如果我们从中汲取到沉痛的经验教训，或是经历过逆境后学会将自己推出安逸圈，那么生活仍然可以是令人满意和愉悦的。我们也完全有可能在与充满变数与未知的世界抗争的过程中，对眼前发生的事情保持冷静以及正确的判断。甚至有的时候，为了实现更大意义上的快乐，我们需要熬过一段艰难的日子，例如放弃一段能带来经济保障却毫无幸福可言的爱情，或是放弃一份薪酬可观却压力极大的工作。

满足感就是充分展示自我。

从此过着幸福的生活

在童话故事中，男主角和女主角只有实现了理想之后才能从此过上幸福快乐的生活。于是我们也会产生这样的期望，就是只有彻底完成了某项任务之后，才会有王子来吻醒自己，或是才能过上幸福的生活。而事实上，即使是只身一人穿越黑暗的丛林，或是单刀赴会与恶龙交战，我们都照样可以过着幸福快乐的生活。如果你创造出来的生活符合你的价值观，你知道什么才是适合自己的，那么哪怕路途艰辛，你也一样能够掌握幸福的秘诀，享受旅途。

假如路途变得坎坷

那么现在你已经朝着梦想前进了，并且你已经明白这一路上会时而出现挑战。这些挑战出现时，有时会让你感到它们是挫折——可能是你应聘一份工作，过关斩将之后作为三名候选人之一入围，但最终仍然落选；也可能是你苦心经营的一段感情却以破裂告终。在这样的关口，人很容易产生挫败感。但千万不能这样，因为在某件事情失败和你本人的失败是完全不同的两码事。即使你在某件事情上绊倒了，你也绝不会是一个失败的人。如果出现了计划之外的情况，你要问自己：

- 我到底想要什么？
- 为什么我会有这样的愿望？
- 我是否相信自己真的有条件实现这个愿望？

这些问题会帮助你重新计划和部署，重新发掘要实现梦想还需要什么其他的条件。

回想一下你过去没能如愿以偿获得成功的一次经历。你从那次经历中汲取到了什么？是否学到了什么受用的经验？

看到获赠的礼物

若想要调整自己看待挑战的心态，可以每天晚上临睡前花一些时间回顾你今天一天下来所获得的礼物和机遇。这样做能转变你的看法，即使是平日里会被你视为极其倒霉的一天，也会因为心态的扭转而变得不同。有时候要看到你所接受的赠与并不难，有时候则不那么容易，然而一旦你试着去寻找，就一定能找出一两样。并不是一开始就能真的做到将表面看起来消极的事情以积极的心态去对待。相信生活总是有得有失，也不要忘了有时候最珍贵的礼物往往不是第一眼就能认出来的。

想一想你现在走到旅途的什么位置了。你获得了

怎样的礼物？把它们都列出来，并且每天在后面都进行补充。

在追求目标和理想的路上，要懂得珍惜你所得到的礼物。

挑战的价值

倘若你将人生的意义定位为努力做最好的自己，那么你的幸福就不再仅仅是是否找到合适的另一半，是否功成名就，甚至是否为社会做出了什么贡献。你也就更加能够接受生活不一定是完美的，事情也并非总是一帆风顺。我们总要经历挑战，而正是这些挑战使得我们不断成长，充分发挥出潜力。想一想煤炭演变成钻石这个不可思议的过程。这不是偶然。一块岩石要经受地球的压力、热度，并且要在各方面条件都恰好吻合的情况下才能成为一颗光彩夺目、熠熠生辉的钻石。将自己想象为一颗尚未成形的钻石，勇敢接受挑战，让自己成长为最难能可贵的人。

成长的过程并不总是一路坦途。放弃自己已有的生活，驶向新的方向，可能会让你心生恐惧、痛苦万分。但这并不意味着这种转变就是什么坏事。你是否有过这样的体会，就是经历了磨练之后再回头看时，对自己说“我成长了许多——这是我有生以来最珍贵的体验”。经受磨练时你未必会这么看，因为那时的你一定很煎熬。如果一件事情让你饱受折磨，你又怎么可能将它视为有益的事情呢？但我们可以学着在面对困难时尝试去发现它们的价值所在。我们可以不要逃避，并认识到我们正在经历的这一切都是为了自身的最高利益。如果你希望自己享受这个转变的过程，可以不断地提醒自己谨记这个道理，并鼓起勇气为目标而奋进。这样会让你心情畅顺许多。

成长的过程并不总是一路坦途。

不要一味强求你的生活要向你所认定的理想状态逼近，并且用这个标准来评判自己，应该学会注重自己成长了多少以及这个过程是否让你愉快，并以此作为衡量自己和这段旅途的标准。如果你能按照这样去

做，你的幸福就不再寄托于目标是否实现，而是使幸福成为你人生中固有的一部分。

闪亮秘诀

欣然接纳挑战，并尽可能多地应对挑战。

闪亮案例

现在就要幸福

凯特最近的生活糟透了。她刚刚和男朋友分手，痛苦万分，整个人胖了一大圈。不仅如此，她的小本生意也是岌岌可危。她充满了挫败感，自尊心跌到了谷底。这甚至动摇了她对生活的信念，她觉得没有一件事情如愿以偿，一切都事与愿违。在凯特和男友离开公司以前，她都一直认为人生的意义就是结婚，然后创立如日中天的事业。她终日埋头干事业，想要让生意进入轨道、蒸蒸日上，因此和男朋友相处的时间少得可怜。凯特承认她没有真正享受过生活，她只是一心期待着今后有一天能“从此过上幸福快乐的生活”，并将人生的意义寄望于此。她就这样牺牲了当下的幸福。

在接受人生指导的过程中，凯特渐渐明白她的人生追求很大程度上来自于她认定生活应该是怎样的，这种执念让她无法得到快乐。她受到了启发，决定重新思考自己的事业，以挑战更大潜能，同时用更多的时间来学习认识自己，寻找让自己快乐的方法。

你也可以每天都享受旅途的过程，只要你能够：

- 对生活怀着感恩的心，感激自己有学习和成长的机会。
- 即使这一天非常不顺，也要善待自己。
- 每天认识自己多一点。
- 不要沉湎于消极的思维中，要选择能让自己快乐的心态。

闪亮秘诀

寻找幸福，专心经营，你便能创造幸福生活。

更多帮助你享受改变之旅的指导秘诀

释放内啡肽

不论你的生活出现怎样的状况，你都要每天留出时间让自己做些快乐的事情。可以选一支喜欢的音乐跳舞，或是唱自己喜欢的歌曲。可以跟朋友、同事甚至是陌生人分享心事。多笑一笑，也能帮助你提起精神。开怀大笑能够释放内啡肽，内啡肽是一种对身体有益的化学物质，能够增强免疫系统。人笑的时候所吸入的氧气量比正常情况下要大，同时也会让人更加愉悦。可以去喜剧俱乐部，或是看滑稽搞笑的电影，选择幽默细胞与自己相似的朋友待在一起。发掘自己的童心，试着孩子气一些。此外，做运动、放松以及性生活都能够让你释放出内啡肽，这就是为什么这些运动都有益于健康。

发掘自己的童心。

享受旅途就是指专注于那些给你带来快乐，激励你前进的事情。

对生活点头

从你醒来的那一刻起，就要学会对生活点头。如果你能够接纳眼前出现的情况，那么无论这一天发生什么事情，你都会将它视为生活的福音。人不可能总有权利选择生活，但可以选择面对生活的态度。如果你能做到这一点，那么你就全权掌握了自己的生活以及体验生活的心态，你也就获得了人生的自主权。不要因为抵触现实而破坏了自己的情绪。对生活点头，并在接纳现状的前提下努力做出任何必要的改变。这样你便会更加享受生活。

每天都是大日子

你有没有一件特别喜欢的衣服但平时总舍不得穿，或是有一双精致的雕花水晶鞋但长年累月都束之高阁极少拿出来穿？你是否总把最好的东西留起来舍不得用要等到大日子才派上用场？那么就要将这些观念扭转过来，将人生的每一天都看做是大日子。即使是平时也要穿上最漂亮的衣服，享用自己最珍贵的衣物和饰品。

留出宝贵时光

我们过得越健康、越平衡，就越是能够在工作和生活中发挥得出色。不论你有多忙碌、有多重的负担，都要给自己留出宝贵时光，做一些可以愉悦身心、焕发活力的事情来润泽思想、身体和心灵。你上一次买花给自己是什么时候？上一次以特别的方式慰劳自己是什么时候？记得提醒自己你是多么的与众不同。亲自下厨为自己准备一顿美食，如款待贵宾般布置好餐桌，好好与你最爱也最悉心照料的人享用一次烛光晚餐——这个人不是别人，正是你自己。

记得提醒自己你是多么的与众不同。

扬起嘴角

你知道为什么天使都有翅膀吗？因为他们将自己看得很轻。把自己看得轻一些，凡事微笑面对，学会自我解嘲。你不必将自己看得太重，跟自己太较真，也不必苛求完美。提醒自己要放轻松些，扬起嘴角，将内心的压力和纠结统统抛到旅途之外。

闪亮回顾

不要忘了，要想自己力求做到最好就必须经历一个起伏不断但却激动人心的过程。若是你能享受这个过程，那么这就是给自己最好的礼物。你不必等到自己瘦身成功了、遇到真命天子了、创业成功了或是积蓄更充裕了才开始准备寻找幸福生活。只要你想尽情体验改变人生的旅途，随时都可以启程。要记住，幸福是一种心态。问一问自己："我如何才能体验到生活中更多的幸福和快乐？"然后看看自己的潜意识会给出怎样的答案。如果你认识到自己完全值得拥有幸福生活，那么你就一定能够充分利用好每一分钟，也足以为自己创造美好新生活的努力而喝彩。

要谨记一点，你现在和未来的现实生活是由你当下的信念、思想、坚定的信心、设想的蓝图共同创造的。因此，不要对眼前的生活掉以轻心，要好好体验、尽情享受。能活着就应该感恩庆幸。

闪亮一周任务

从上述指导秘诀中选择至少两项每天坚持执行。留心观察这些秘诀对你有何影响，是否让你学会了更好地享受生活。

第12章 尽情欢呼吧，你已成功抵达目的地

人生不该是一支短短的蜡烛，而应该是一支暂时由我们举着的火炬。在将火炬传递给下一代之前，我们要让它在我们的手上燃烧得尽可能光明、灿烂。

——乔治·萧伯纳

经过长途跋涉，你已经踏上了启迪心灵的寻梦之旅。一路上，你将自己燃烧释放出了更加耀眼的光芒，成长得更加强大，更有智慧，更加坚韧，也开发出了前所未有的才华和禀赋。你明白了若是想要改变生活，就要先改变你看问题的方式，先学会质疑自己过去的信念。你还找到了新的角度来看待问题，探寻到了新的方法来建立自信心、自我价值，以及自我信念。你接受了自我挑战，冲破了安逸圈，从自我打击转变为自我激励。你打破了过去自我设置的极限，欣然接纳各种崭新的心态与观念。

你明白了生活不在于是否尽善尽美，而是是否能够做到最好、表现得最好。你也领悟到了幸福的所有秘诀其实都握在自己手里，懂得了现实生活其实就是由一分一秒组成的。你自己发掘出内心真正的渴望，并设定下了目标努力追求，即使没能全部达到，也至少实现了其中一部分。此外，你还扩大了自己对于“可能性”的定义，包括你可能成为怎样的人，可能取得怎样的成就。你让自己看到了最优秀的你会是什么模样。

你学会了欣然接纳自己，接纳新鲜事物。正因为你学会了接纳，心态和观念才得以吐故纳新，变得敢于冒险，增强了对自己的信任与信念。同时你还明白了非常重要的亮点，一是要关怀自己，另一点则是要创造出各方面更加平衡的生活，尊重自己、悉心照料自己。或许让你意外和惊喜的是，你已然看到自己所做出的转变开始结出硕果。而你改变生活、应对生活体验的方式也同时激励和鼓动着其他人，去开拓人生的疆界和无限可能性。

当你决心重视起自己的幸福，你的这个选择也会让你身边的其他人受益匪浅，现在的你已经能够亲身体验到这种自己所产生的影响。这不仅是因为你有了更多的精力为他人服务，更是因为当你做着自己喜欢的事情，过着自己真心向往的生活，你的态度也会感染别人去学习和效仿。不过，最最重要的还是你学会了拥抱生活，懂得了学以致用，指导自己努力经营好快乐而有意义的人生。你成为了自己出色的人生教练！

再次起航

实现目标之后必然感觉非常美妙，这也是人生中特别值得回味和庆祝的时光。对于自己所取得的成绩，应该给予称赞和肯定。值得称颂的不仅仅是你为自己订下的大目标，更包括了一路上迈出的每一步，以及所有让你进取的点点滴滴。要感谢那些支持鼓励过你的人。也许你会觉得没有了这些人的支持，你根本无法走到终点，但也不要低估了自己的实际力量，是你的动力、愿景、好奇心、自信以及成长和学习的意愿等这些因素让一切成为可能。

对于自己所取得的成绩，应该给予称赞和肯定。

那么现在的你又打算朝哪里出发呢？生活永远是瞬息万变的，总有新的冒险和挑战等待着我们去体验。但生活中也有很久不变的东西，它们就像指南针一样永远指引着我们不要偏离了真实自我的航向。人很容易忘记自己是谁、自己的力量有多么强大，忘记自己

的信念和初衷。所以我们必须提醒自己——每天提醒。再次起航时，生活仍然要以快乐与成长为根本，而不要陷入纠结和恐惧。每一天都要抱着这样的信念开始生活，并让这成为你的指导原则。再次启程时，仍要努力做到：

- 保持好奇心，如果旧方法不管用，就要转换新的思考方式。
- 每每感到生活要陷入沉闷或窘境，就要走出安逸圈，并将这种感觉作为警钟。
- 行动应遵循内心的真实感受，要相信自己的感觉。
- 面前出现道路时，尽管尝试去探索。
- 充分体验生活。
- 敢于挑战自己的想法和观念，乐于突破性思考。
- 努力做到最好。

以上这些便是你能够给自己最好的礼物，正如电视广告所说："你值得拥有。"

坚持创造最美好的生活。你已经看到了自己完全有可能做到，而不仅仅是那些你认为比你更有才华、更有条件、更能干、更聪明的人才能达到的。你已经体验过了能量强大的吸引定律——就是任何你所专注的事物以及你所散发出的能量都会辐射开来。最后，你应该已经发现，你人生中最重要的关系永远都是你和自己的关系。从今以后，你的生活将永远不同。

从今以后，你的生活将永远不同。

闪亮秘诀

将人生看做一段正在行进中的旅途，全力以赴投入到这段漫长的行程中去吧。

致谢

我要感谢每一位支持和帮助过我完成这本书创作的人——我的朋友、家人以及我的编辑 Samantha Jackson。尤其要特别感谢我的人生教练、导师，也是我最好的朋友 Nina Grunfeld，谢谢你的慷慨无私、你的启发、专业知识和建设性意见。同时，也对所有为我照亮前行道路的老师及导师们致以深深谢意。

许多人的所谓成熟，不过是被习俗磨去了棱角，变得世故而实际了。那不是成熟，而是精神的早衰和个性的夭亡。真正的成熟，应当是独特个性的形成，真实自我的发现，精神上的结果和丰收。

——周国平《尼采：在世纪的转折点上》

情绪和身体一样，当不能得到适当的满足时便会“生病”。而这个年代的氛围容易把人搞得很焦虑，无数的坐标系让人产生恐惧和自卑感。我们习惯于急躁、疲惫、日夜兼程，却少有人停下看看是否拐错了路口，偏离了初衷。

理想的人生幻化为不可企及的遥远，仿佛现实注定黯淡、无奈、苦不堪言。于是，自我提升类型的著作应运而生，一夜之间量产式铺开。若不是译介工作，想必自己是要固执于千篇一律的误解，错过了这位干练的“人生教练”。

说及干练，不仅是文字的精炼简洁，更是指导过程中近乎理科思维的提纲挈领、点到为止。相较于俯拾皆是的速成式圣经，安妮秉着充足的耐心，让我们一步步学会做自己成长的见证者。原文虽不是工于字斟句酌的精细，但启示人心的理念足以照亮我们眼前一段不短的路途。因此，这本书从接手到翻译、校对，与其说我是承担了语言文字的转换工作，不如说更像是亲历了一场心灵修行。

“思想的质量决定生命的质量。”人生具有无限选择、无限可能性的特权从来不只是青春年少的专属。但愿能借助译本将这个束缚着我们裹足不前的牵绊解开。

希望有机会遇到这个译本的人都有机会遇到更好的自己。

马　耘
暨南大学外国语学院